하루 30분 수학

하루 30분 수학

'수포자'를 웃게 하는 하루 30분의 기적

최수일 지음

Vi아북ㄱ
ViaBook Publisher

하루 30분이면 충분합니다!

28년간 수학을 가르치던 학교 현장을 떠나 2011년 명예퇴직을 했습니다. 평생 수학교사로 살아왔지만 수학 과목이 아이들에게 주는 고통과 스트레스를 해결하지 못한 책임을 통감하고 이 문제를 해결하고자 무작정 현직을 떠났지요. 이후 수학교육자로서 아이들의 행복을 보장할 방도를 찾아내려 노력하고 있습니다. 그 궁극적인 도달점은 수학 교육 과정을 개편하는 일이라고 생각하고 있습니다. 그러나 그 대안이 실현되기까지는 상당한 시간이 필요할 것입니다. 그래서 현재 우리나라 상황에서 가장 타당한 수학 학습의 길을 제공하는 것이 필요하다는 판단에서 이 글을 씁니다. 급한 대로 물에 빠진 우리 아이들과 부모들에게 던질 구명띠라도 만들어보고자 하는 마음입니다.

선행학습, 수동적 학습, 타율학습이 유행하고 있습니다. 아이들이 자기주도성을 기를 시간이 없지요. 21세기를 살아가는 우리 아이들 인생은 어른들의 강요로 희생당하고 있습니다. 자기주도적인 인간, 창의적인 인간 등은 구호일 뿐입니다. 결국 학교나 사회 그리고 가정이 아이들을 잘못 키우고 있습니다.

지난 3년간 학부모들에게 정말 많이 강의를 해왔습니다. 너무나도 많은 가정이 수학 때문에 괴로워하면서도 오히려 수학을 더 못하게 만드는 공부법에 매달리고 있었습니다. 이 글은 강의를 통해 만났던 학부모들의 고민과 효과적인 수학 공부법에 대한 질문에 답하고자 한 결과입니다. 가정에서 차근차근 따라할 수 있도록 60가지 수학 공부의 원리와 학습 원칙을 제시하고 실천 방법을 자세히 안내했습니다. 그 핵심은 부모와 아이가 함께하는 '하루 30분 수학 대화'입니다. 제시된 원칙과 실천법을 꾸준히 익혀나가다 보면 수학 학습에 희망을 되찾을 수 있으리라 확신합니다. 또한 제대로 된 수학 학습법을 먼저 시도해본 가정의 소중한 사례를 모아 '체험Talk'이라는 코너를 통해 소개하였습니다. 온라인 활동과 오프라인 모임을 겸하는 동호회에서 함께 실천하며 얻은 값진 결과입니다. 그 실천과 성공 사례들이 독자들에게 길라잡이가 될 겁니다. 먼저 실천하고 성공을 거둔 학부모들에 힘입어 이제는 보다 많은 학부모가 수학 학습에서 성공할 것을 기대해봅니다.

초등학교 3학년만 되어도 수학을 포기하는 아이들이 발생하고 있습니다. 초등 교사들은 그 원인으로 나눗셈과 분수를 듭니다. 곱셈은 덧셈의 연장으로 그리고 구구단의 암기로 커버가 되는데, 나눗셈은 덧셈의 역산인 뺄셈의 연장으로 또는 구구단의 역산으로 해결해야 하기 때문에 한 단계 더 높은 수준의 능력을 필요로 합니다.

또한 분수는 두 가지 개념을 동시에 가르칩니다. 3학년 1학기에는 연속량의 등분할 개념이 나오고, 2학기에는 이산량의 등분할 개념이 나옵니다. 연속량의 등분할은 사과 한 개를 여러 명이 똑같이 나누어 먹는 상황에 해당되므로 그 결과가 1/4, 1/8 등 1보다 작은 수로 나옵니다. 반면 이산량의 등분할은 한 개가 아닌 여러 개를 몇 명이 똑같이 나누는 상황입니다. 예를 들면, 키위 여섯 개를 세 명에게 똑같이 나눠줄 때 한 명이 받는 키위의 개수는 6의 1/3입니다. 그 결과는 분수가 아니라 자연수로 나오지요. 여태 1보다 작은 수만 구하다가 갑자기 자연수를 보면 당연히 당황스럽겠지요.

중학교 1학년 1학기에 가면 문자가 나옵니다. 학생들은 수식 세우는 일을 가장 힘들어하지요. 문자가 처음에는 미지수를 뜻하다가 변수로 돌변해서 막 바뀌거든요. 또 중학교 과정에서는 도형을 가르치며 엄밀

한 설명을 요구합니다. 이제 증명이라는 말은 사용하지 않지만 학생들은 사실상 증명이나 다름없는 설명을 해야 하기 때문에 심한 어려움을 느낍니다.

중학생이 되면 내용이 어려워져서 힘들기도 하지만 수학 점수 그 자체에도 부담을 느끼게 됩니다. 초등학생 때는 수학을 못하는 학생도 50점은 받습니다. 보통 80점 정도 받지요. 그런데 중학교는 평균이 50점 정도밖에 되지 않습니다. 초등 때 80점 받던 아이가 50점을 받고, 60점 받던 아이는 30점을 받습니다. 30점 정도의 편차는 아이들의 의욕을 꺾어놓게 마련입니다. 그래서 중학생이 되면 수포자를 선언하는 학생이 급격하게 늘어납니다.

수학에서 아이들을 괴롭히는 복병은 곳곳에 암초처럼 존재합니다. 어디에 걸릴지 모르기 때문에 부모님들은 아이들의 수학 공부가 항상 조마조마할 것입니다. 또한 위계성, 즉 이전 단계의 내용을 제대로 이해하지 못하면 그 이후의 내용을 이해할 수 없다는 것 때문에 복원력을 발휘할 수 없는 과목이 수학입니다. 어느 한 시기에 조금 놀다가 마음을 다잡고 책상에 앉았어도 이미 과거의 전과가 걸림돌이 되어 더 이상 수학을 공부하지 못하게 되기도 하지요.

어쨌든 아이가 수학을 어려워할 때 해결할 방법을 찾기가 좀처럼 쉽지 않습니다. 다른 과목은 일단 마음만 먹으면 해결될 가능성이 높지만 수학은 다릅니다. 그래서 전문가(?)라고 하는 남에게 수학 공부의 책임을 맡길 수밖에 없다는 것이 여태까지의 사회적인 통념이었습니다.

　여기 부모가 하루 30분만 투자하면 아이가 수학의 어려움을 극복할 수 있는 길이 있습니다. 초등 때부터 시작하면 더욱 좋고 쉽겠지만 중학생 자녀를 둔 부모까지도 적용 가능한 방법입니다. 고등학생이 되어서는 철이 들기 때문에 부모가 일일이 간섭하고 챙기지 않아도 스스로 할 수 있습니다. 지금 시작해도 늦지 않습니다. 왜냐하면 다른 길이 없기 때문입니다. 고3이라면 재수를 각오하고라도 시작하면 됩니다. 이 방법이 아니고서는 아무리 서둘러도 어렵습니다.

　여기서 오해하지 말아야 할 것은 하루 30분이라는 시간은 부모가 아이를 점검하는 시간이라는 점입니다. 이후에 아이가 혼자서 공부하는 시간에 따라 성취도는 달라집니다. 느린 아이는 다른 아이보다 많은 시간을 투자해서 개념학습과 문제 풀이 학습을 해야 합니다. 부모가 개념을 점검해준 이후에 아이가 문제를 풀었다면 문제 풀이도 점검해야 하고요.

　또 하루 30분이라고 해서 꼭 30분을 실천해야 하는 건 아닙니다. 처음에는 3분이 안 걸릴 수도 있습니다. 그러다 아이의 설명이 길어지면 세 시간이 되기도 하고요. 부모와 세 시간을 공부하고 나면 가정에 평화가 옵니다. 아이가 갖게 되는 공부에 대한 만족감은 이루 말할 수 없겠지요.

초등학교나 중학교에 다니는 자녀에게 수학을 자기주도적으로 학습하는 습관이 아직 들지 않았다면 부모님이 하루 30분 정도를 자녀와 함께 보내야 합니다. 특히 자녀가 수학에서 부족한 부분이 있다면 꼭 함께 하기를 바랍니다. 그러면 길이 열릴 것입니다. 자녀와 함께하는 30분이 자녀를 위대하게 만들 수 있습니다.

끝으로, 이 책이 나오기까지 전체적인 기획을 잡아준 비아북 한상준 대표와 세세하게 글을 다듬으며 많은 아이디어를 제공해준 박민지 편집자, 그리고 강의를 들으며 꼬박 과제를 해내고 '하루 30분 수학'의 진행 과정을 세세히 함께 나눠준 많은 학부모에게 감사를 드립니다.

2014년 10월
수학교육연구소에서
최수일

1부
왜 개념학습인가?

CONTENTS

- 개념을 익히지 않으면 수학실력은 쌓이지 않습니다
- 공식만 외우는 공부법에 의존할수록 수학 실력은 불안해집니다
- 수학은 연결할수록 쉬워집니다
- 개념을 익히는 유일한 방법은, 개념을 표현하고 설명하는 것입니다

학생들이 수학을 공부하는 방법을 살펴보면 두 가지로 분류할 수 있습니다. 바로 개념학습과 공식암기학습입니다. 둘 중 수학을 공부하는 근본적인 방법은 개념학습입니다. 하지만 시중에는 공식암기학습이 유행하고 있습니다. 이는 개념학습이 무엇인지 잘 모르는 탓입니다. 먼저 개념학습에 대해 분명하고 정확하게 알 필요가 있습니다.

개념을 익히지 않으면
수학 실력은 쌓이지 않습니다

 수학 학습의 기본은 개념학습이다

　수학을 학습하는 방법에는 여러 가지가 있습니다. 많은 분들이 좋은 방법이라며 제안하는 것들이 있지요. 일단 수학 공부에는 시간이 많이 든다고 합니다. 당연합니다. 조금만 공부하고 좋은 성적을 얻기는 어렵겠지요. 수학은 연산이 기본이고, 연산 속도가 빨라야 한다는 주장도 있습니다. 초등학생에게는 맞는 얘기인 듯도 하지만 고등학교에 오면 연산이 거의 나오지 않으므로 이 주장은 타당성이 좀 떨어집니다. 문제집을 많이 풀어보아야 한다고도 합니다. 많이 풀어야 하는 건 맞지만 방법 면에서 한 문제집을 여러 번 풀 것인지 아니면 문제집 여러 권을 한 번 씩 풀 것인지에 대한 선택의 문제가 남습니다. 난이도 있는 문제를 풀어야 실력이 향상된다는 주장도 있습니다. 그런데 아이마다 수준이 다르기 때문에 일률적으로 주장하기는 어렵습니다.

문제를 풀기 전에 수학 개념을 충분히 이해하는 것이 중요하다는 주장도 있습니다. 사실 여기에 반기를 들 사람은 없습니다. 그러나 이 주장도 모든 아이 또는 모든 상황에 다 맞는 것은 아닙니다. 문제 푸는 과정을 통해 개념이나 원리를 이해하는 아이가 있을 수 있고, 어떤 개념은 문제를 풀어야만 쉽게 이해되기도 하니까요. 또한 개념 자체가 이해하기 어려운 경우는 공식을 외우는 학습법이 유리할 때도 있습니다. 하지만 이런 특수한 경우를 제외하고는 개념을 충분히 이해하는 것이 우선이라는 주장에 이의를 제기할 사람은 거의 없을 것입니다.

 온통 개념이 없다

초등학교 5학년 학생에게 물었습니다.
"$\frac{1}{4}+\frac{1}{6}$이 얼마일까?"
답변이 가지가지 나옵니다.

아이1 : $\frac{2}{10}$입니다.

아이2 : 아니야! 선생님이 분모가 다를 때는 통분하라고 하셨잖아!

아이1 : 그래? 그럼 어떻게 해?

아이2 : 분모가 다를 땐 그냥 곱하는 거니까… 4×6=24, 24로 통분하면 되겠네!

선생님 : 그럼 통분해서 한번 계산해보렴.

아이2 : 네. $\frac{1}{4}+\frac{1}{6}=\frac{6}{24}+\frac{4}{24}=\frac{10}{48}$.

아이3 : 아니야! 그렇게 더하는 게 어딨어? 분모가 같으면 분자끼리만 더하면 되는 거야! $\frac{1}{4}+\frac{1}{6}=\frac{6}{24}+\frac{4}{24}=\frac{10}{24}$, 이렇게.

아이1 : 근데 분모가 같을 때는 왜 분자만 더해?

아이3 : 글쎄… 수업시간에 그렇게 하면 된다고 들었는데…. 참, 통분은 최소공배수로 하는 거랬어!

이번에는 중학교 1학년 학생에게 물었습니다.

"23×29는 소수일까?"

약수와 배수, 소수와 합성수의 개념을 아는 아이들은 23×29라는 곱셈만 보고도 이 수가 소수가 아님을 알아차립니다. 1이 아닌 두 수의 곱으로 표현했다는 것은 23과 29가 이미 23×29의 약수라는 얘기니까요. 그런데 많은 아이들이 마냥 계산을 시작합니다. 곱해서 667이라는 답을 내고, 그걸 다시 나눕니다. 2부터 시작하여 3으로 5로… 더 개념이

$$\begin{array}{r} 23 \\ \times\,29 \\ \hline 207 \\ 46 \\ \hline 667 \end{array}$$

$$2\overline{)667} \atop 333\cdots1$$

$$7\overline{)667} \atop 95\cdots2$$

$$3\overline{)667} \atop 222\cdots1$$

$$11\overline{)667} \atop 60\cdots7$$

$$5\overline{)667} \atop 133\cdots2$$

$$13\overline{)667} \atop 51\cdots4$$

없는 아이들은 계속하여 4, 6으로도 막 나눕니다. 학생들이 나누는 한계는 보통 13입니다. 13을 넘으면 그 다음이 17인데, 이쯤 되면 짜증을 내지요. 그리고 더 이상 안 나눠지는 것으로 결론을 맺습니다.

"소수다."

23과 29로 곱해져 있으니 23과 29가 곧 이 수의 약수인데, 그걸 생각하지 못하는 겁니다.

중학교 2학년 초입에 유리수의 성질이 나옵니다. 교과서에는 다음과 같이 정리되어 있습니다.

유리수의 소수 표현

① 분모에 2나 5 이외의 소인수가 있는 기약분수는 순환소수로 나타낼 수 있다.

② 유리수는 유한소수 또는 순환소수로 나타낼 수 있다.

유리수 중 $\frac{1}{3}$과 같은 수는 소수로 바꾸면 0.333333…이 됩니다. 끝없이 가는 무한소수이고 3이 순환하는 순환소수입니다. 순환하는 이유

```
       0.0588235294117764
  17)100
       85
      ───
       150
       136
      ───
        140
        136
       ───
         40
         34
        ───
          60
          51
         ───
           90
           85
          ───
            50
            34
           ───
            160
            153
           ───
             70
             68
            ───
              20
              17
             ───
               30
               17
              ───
               130
               119
              ───
                110
                102
               ───
                 80
                 68
                ───
                 12
```

는 분모에 2나 5 이외의 3이라는 인수가 있기 때문입니다. 그런데 $\frac{1}{4}$은 0.25, $\frac{1}{10}$은 0.1이므로 유한소수입니다. 왜냐하면 분모에 2나 5 이외의 다른 인수가 없기 때문입니다. 그러니까 유리수, 즉 분수는 딱 떨어지는 유한소수 혹은 무한한 순환소수가 됩니다.

이제 중2 학생들에게 묻습니다. "$\frac{1}{17}$은 순환소수일까?"

개념을 아는 아이들이라면 어떻게 생각해야 할까요?

'$\frac{1}{17}$은 유리수구나. 그런데 분모 17은 인수가 2나 5로만 되어 있지 않으니 유한소수는 아니고, 순환소수가 될 수밖에 없겠군!'

이렇게 아무것도 손댈 것 없이 순환소수라고 답을 내야지요.

그런데 개념이 없는 많은 아이들은 다짜고짜 연필을 듭니다. 열심히 나눕니다. 1 나누기 17이라 쓰고 세로로 계속 열다섯 번이나 나누지요. 근데 순환이 될까요? 안 됩니다. 같은 숫자가 반복되지 않습니다. 그러다 보면 이제 더 이상 계산할 수 없게 됩니다. 연습장이 다 차버릴 테니까요. 두 번만 더 나누면 드디어 순환한다는 걸 발견하게 될 텐데… 안타깝습니다. 물론 두 번 더 나누지 못해 안타까운 게 아니라 유리수의 개념을 모르고 있다는 사실이 안타깝습니다.

그럼 고등학생은 어떨까요? 다음은 한때 EBS에서 굉장히 논란이 되기도 한 문제입니다.

문제 매일 아침 한 학생이 A에서 B로 걸어간다. 각 교차점에서 동쪽 또는 남쪽의 길로만 다닌다 하고, 갈림길에서 한 방향을 택할 확률은 $\frac{1}{2}$이라고 할 때, 이 학생이 C를 지나갈 확률을 구하시오.

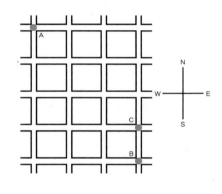

고2 정도면 이런 문제를 보통 1분 안에 풉니다. 전체 경우의 수는 $\frac{7!}{3!4!}=35^{*}$, C를 거쳐가는 경우의 수는 $\frac{6!}{3!3!}$이므로 구하는 확률은 $\frac{20}{35}$입

──────────

＊ 팩토리얼(factorial)이라고 읽는 기호 '!'은 우리말로 계승(階乘)입니다. 1부터 그 수까지 차례로 자연수를 곱한 결과를 말합니다. 예를 들어 4!은 1×2×3×4, 즉 24가 됩니다. 그럼 7!은 얼마일까요?

니다. 이렇게 푸는 학생이 99퍼센트입니다. 그런데 이 풀이가 맞는 것이 아닙니다. 제대로 된 풀이는 4부에서 다시 볼 수 있습니다.

이 문제를 풀 때 필요한 원초적 개념은 초등수학에 있습니다. 초등에서 처음 분수를 배울 때 정확히 개념적으로 배우지 못하고 단순 암기로 배웠다면, 이렇게 고등학교에서 악영향으로 드러납니다.

처음 분수를 배울 때는 $\frac{1}{3}$의 의미를 분명 정확히 배웠습니다. '어떤 것을 세 개로 나눈 것 중 하나'가 아니라 '어떤 것을 세 개로 똑같이 나눈 것 중 하나'라고 배운 것입니다. 확률이나 분수에서는 '똑같이' 나눈다는 전제조건이 아주 중요한 개념인데, 확률 문제를 많이 풀다 보면 '똑같이'라는 말이 귀찮아집니다. 동전이나 주사위를 던지는 상황처럼 '똑같이'가 이미 친절하게 갖춰진 문제만 많이 풀다 보면 그 민감성이 사라지기도 하고요.

이렇듯 초등학생, 중학생, 고등학생 할 것 없이 온통 개념적인 학습, 즉 개념학습이 부족해 문제입니다. 가장 큰 원인은 학교 정규고사가 대부분 오지선다형이나 단답형 수준에 머물고 있으며 대입에 결정적인 역할을 하는 수능시험마저 오지선다형과 단답형으로만 이루어져 있기 때문입니다. 당연히 찍기 위주의 암기학습이 성행하지요.

이 중 학교 시험이 더 큰 원인을 제공했다고 봅니다. 범위가 좁은 만큼 개념학습보다 공식암기학습이 더 위력을 발휘할 수 있기 때문입니다. 자기주도적으로 개념학습을 한 아이는 80점대, 사교육에서 공식을 암기하도록 배운 아이는 90점대 점수를 받는 일이 많이 발생하면서 아이들이나 부모 모두 개념학습을 멀리하게 된 것입니다.

그러나 똑같이 오지선다형이나 단답형으로 출제되어도 수능시험의 문제는 단기간의 공식암기학습으로 해결할 수 없습니다. 하지만 이미 11년 동안 들여 온 학습 습관을 고치기는 어렵겠지요. 학년이 어릴수록 올바른 개념학습 습관을 잡아놓는 것이 반드시 필요합니다.

 체험 TALK

아이가 사칙연산에서 실수를 하고 단위 표기를 빼먹거나 단위를 착각하는 게 연습과 부주의에서 비롯된 것이라 생각하여 틀린 문제 위주로 다시 보도록 했습니다. 안타깝게도 문제는 개선되지 않고 아이는 수학을 점점 더 싫어하게 되더군요. 개념이 부족해서라는 걸 왜 진즉 깨닫지 못했는지 후회가 됩니다. - 초4 학부모

30분 수학 03 부정확한 개념학습은 고3 때 드러난다

수학을 공부하다 보면 어떤 개념을 정확히 이해하지 못했는데도 그냥 아는 것처럼 넘어가게 되는 경우가 있습니다. 수학은 위계적인 학문이어서 계속 새로운 개념이 나오기 때문이지요. 이전 개념을 안다고 착각하여 공식을 암기하다 보면 그 개념을 이해하는 일은 파묻히게 됩니다. 그런데 정확히 이해하지 못한 개념은 바이러스와 같아서 잠복기로

들어갑니다. 학교에서 치르는 중간고사나 기말고사의 경우 지나간 진도
는 시험을 치르지 않기 때문에 한 번 파묻힌 부분은 표면에 나타나지 않
게 되지요.

이런 현상이 드러나는 시기가 고3입니다. 고3이 되면 3월부터 모의
고사를 치르는데, 이 모의고사의 시험 범위는 고3 이전까지 배운 수학
의 전체 진도입니다. 이제서야 과거에 파묻힌 부분을 평가받게 되는데,
이때 개념 이해가 부족한 부분을 발견하게 되면 어찌할 바를 모르다가
고3을 그냥 보내게 됩니다. 그래서 고3 수능 모의고사에서 수학 성적이
두 계단 이상 오르는 학생은 1퍼센트가 되지 않습니다.

 ## 개념은 교과서에 있다

중요한 개념을 정확히, 그리고 제때 익히는 것이 매우 중요합니다. 개
념을 익히려면 교과서를 봐야 합니다. 교과서가 개념을 가장 잘 설명하
는 교재이기 때문입니다. 그러나 교과서로 개념학습을 할 때도 배운 내
용을 공식으로 외우려 하지 말고, 반드시 근본 개념을 이용하여 배운 내
용을 정리해야 합니다. 근본이 되는 개념을 확실히 이해하면 그 이후에
진행되는 학습이 수월해집니다. 근본 개념은 모두 연결되기 때문입니
다. 약식화된 공식만 외우고 넘어가면 학습이 진행될 때마다 새로운 내
용을 모두 외워야 하는 고난을 자초하는 격이 됩니다.

다음은 초등학교 3학년 1학기 교과서에 나오는 '분수의 크기 비교' 부분입니다.

3학년 1학기 교과서 분수의 크기 비교

활동1 윤호네 모둠에서는 발표 자료를 꾸미기 위하여 도화지의 $\frac{4}{6}$ 를 색칠했고, 세미네 모둠에서는 도화지의 $\frac{2}{6}$ 를 색칠했습니다. $\frac{4}{6}$ 와 $\frac{2}{6}$ 중에서 어느 분수가 더 큰지 알아보시오.

- $\frac{4}{6}$ 는 $\frac{1}{6}$ 이 몇 개입니까?
- $\frac{2}{6}$ 는 $\frac{1}{6}$ 이 몇 개입니까?
- $\frac{4}{6}$ 와 $\frac{2}{6}$ 중에서 어느 분수가 더 크다고 생각합니까?
- 분수의 크기를 비교하는 방법을 이야기해 보시오.

두 분수 $\frac{4}{6}$와 $\frac{2}{6}$의 크기를 단위분수인 $\frac{1}{6}$의 개수로 비교해보도록 하고 있습니다. 이전에 익힌 분수의 정의, 개수의 비교와 연결되는 내용입니다. 이렇게 개념끼리는 연결이 됩니다.

$\frac{1}{6}$은 어떤 것을 6등분한 것 중 하나라는 뜻입니다. 그림에서 아이들 책상 위 도화지가 똑같이 6등분되어 있습니다. $\frac{4}{6}$는 어떤 것을 6등분한 것 중 네 개라는 뜻이므로 $\frac{1}{6}$이 네 개인 것입니다. 마찬가지로 $\frac{2}{6}$는 $\frac{1}{6}$이 두 개인 것이기 때문에 결국 $\frac{4}{6}$가 $\frac{2}{6}$보다 크다는 '개념적인' 학습이 이루어집니다.

이제 '분수의 크기를 비교하는 방법'을 통해 학습한 내용을 정리하는 과정이 나옵니다. 두 가지 정리 방법이 가능합니다. 일단 공식을 만들어 '분모가 같은 분수의 크기를 비교할 때는 분자의 크기만 비교하면 된다'고 할 수 있겠지요. 그러나 이렇게 하면 개념이 사라져버립니다. 단위분수의 개념이 살아 있어야 분수의 정의와 연결이 되는데, 공식 같은 것을 만들어 정리하면 연결성이 사라집니다. 그리하여 이후에 배울 '분모가 다른 분수의 크기 비교'라든가 '분수의 덧셈과 뺄셈'의 개념과도 연결이 되지 않습니다.

반드시 '분수의 크기는 단위분수의 개수로 비교한다'고 개념적으로 정리해야 합니다. 이렇게 하면 1학년 때 배운 개념인 개수를 비교하는 '자연수의 크기 비교'와도 연결이 됩니다. 그래서 "분수의 크기도 결국 자연수처럼 개수를 비교하는 것이구나!" 하고 정리가 되면 '분수의 크기 비교'는 새로운 개념이 아닌 것이 되어 학습 부담도 줄어듭니다. 그리고 분수의 덧셈이나 뺄셈도 단위분수의 개수를 더하고 빼는 자연수의 덧셈, 뺄셈과 연결됩니다. 결국 단위분수는 분수의 개념이나 연산에서 핵심 개념입니다.

다음 3학년 2학기에 나오는 '분수의 덧셈'을 살펴보겠습니다.

3학년 2학기 교과서 분수의 덧셈

활동2 $\frac{1}{6}+\frac{4}{6}$ 를 어떻게 계산하는지 알아봅시다.

- 그림을 이용하여 $\frac{1}{6}+\frac{4}{6}$ 를 계산하는 방법을 생각해 보시오.

- $\frac{1}{6}+\frac{4}{6}$ 는 얼마입니까?

- $\frac{1}{6}+\frac{4}{6}$ 를 계산해 보시오.

  $\frac{1}{6}+\frac{4}{6}=\frac{\square}{\square}$

- 분모가 같은 진분수의 덧셈을 머리셈하는 방법을 써 보시오.

교과서의 학습은 역시 개념적으로 진행되고 있습니다. 직사각형을 6등분하여 $\frac{1}{6}$이라는 단위분수의 개념을 이용하도록 하고 있습니다. 공식을 만들면 '분모가 같은 분수의 덧셈은 분모는 그대로 두고 분자끼리 더한다'고 정리할 수 있지만, 이것은 이전 분수의 정의나 '분수의 크기 비교'와도 연결이 되지 않습니다.

이들을 개념적으로 연결한다면 둘 다 단위분수의 개념을 사용하기 때문에 단위분수의 개념으로 모든 것이 정리되어야 합니다. 분모가 같은 분수의 크기 비교는 단위분수가 똑같기 때문에 분자의 개수로 비교가 가능하고, 분모가 같은 분수의 덧셈도 단위분수가 똑같기 때문에 분자 개수의 합으로 결과를 구할 수 있습니다. 두 주제 사이에 공통되는 것, 그것이 단위분수의 개념입니다. 단위분수의 개념으로 분수를 생각하면 분모가 달라도 설명이 가능합니다.

수학에서 단위 개념은 도형에도 사용되고, 문자식의 계산에서 동류항 정리에도 사용됩니다. 이처럼 넓게 쓰이는 개념을 사용하여 서로 연결시키지 않으면 아이의 머릿속에는 공부할 때마다 새로운 지식이 독립적으로 저장되기 때문에 학습량이 증가하면 그 많은 것을 기억하기가 힘들어집니다. 단위 개념은 교과서나 교육과정에서 명시적으로 제시된 주제는 아니지만 수학 학습 전반에 흐르는 공통된 성질에 대한 상징적 표현이므로 아주 중요합니다. 수학에서는 이와 같이 명시적이지 않지만 중요한 개념이 많이 있습니다.

한 설문 조사에 의하면 초등학생이 가장 어려워하는 부분이 분수의 연산이라고 합니다. 공식을 외울 게 많다는 이유에서였습니다. 왜 외울 게 많을까요? 문제집이나 학원에서 분수의 연산마다 각기 다른 공식을 만들어 가르치고 있기 때문입니다. 분수의 정의, 등분할로 생기는 단위 분수의 개념으로 최대한 분수의 여러 연산을 설명할 수 있다면 아이들은 그렇게 답하지 않았을 것입니다.

공식만 외우는 공부법에 의존할수록
수학 실력은 불안해집니다

 개념학습과 공식암기학습

수학을 공부하는 방법, 이해하는 방법은 크게 두 가지로 나눌 수 있습니다. 개념적으로 이해하는 것과 공식을 암기하는 것입니다. 개념적으로 이해하는 것은 관계적으로 이해한다고도 합니다. 공식을 암기하는 학습은 방법이나 문제 풀이 기술을 익히는 것입니다. 공식과 풀이법을 단순 암기하는 방식이 공식암기학습이고, 수학의 원리와 개념을 충분히 이해하고 관련되는 공통점을 찾는 방식이 개념학습입니다.

12와 30의 최대공약수를 구해봅시다. 두 수의 최대공약수는 공약수 중 가장 큰 수입니다. 공약수는 두 수의 약수 중 공통인 수입니다.

방법 1 정의대로 하자면 두 수의 공약수를 구하기 위해 각각의 약수를 먼저 찾습니다.

12의 약수 : 1, 2, 3, 4, 6, 12

30의 약수 : 1, 2, 3, 5, 6, 10, 15, 30

여기서 두 수의 공약수는 1, 2, 3, 6이고, 이 중 6이 가장 크므로 12와 30의 최대공약수는 6이 됩니다.

방법 2 두 수를 공통으로 나누는 수를 찾아 나눠가면서 더 이상 나눠지는 수가 없을 때까지 계산하면 2와 3이 나오고, 최대공약수는 이 두 수의 곱인 6이 됩니다.

$$
\begin{array}{r}
2\,)\ \underline{12\quad 30} \\
3\,)\ \underline{6\quad 15} \\
2\quad 5
\end{array}
$$

방법 1은 개념적인 풀이고, 방법 2는 공식을 이용한 풀이입니다. 여기서는 개념적인 풀이를 '정의를 이용하는 풀이'라고 말할 수 있겠습니다.

다른 예를 들어보겠습니다. 중학교 때부터 배우는 직선의 방정식은 통상 그 직선이 지나는 한 점의 좌표와 기울기가 주어진 경우부터 시작합니다. 한 점 A(x_1, y_1)을 지나고 기울기가 m인 직선 위 임의의 점을

P(x, y)라 하면 $\frac{y-y_1}{x-x_1} = m$이고 이를 정리하면 $y = m(x-x_1)+y_1$이라는 직선의 방정식을 얻을 수 있습니다. 교과서에는 이 식이 중요하게 정리되어 있고, 교사는 이 식을 공식처럼 암기시키는 것이 보통입니다.

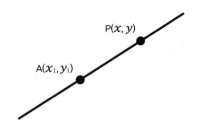

그다음 두 번째 경우로 두 점을 지나는 직선의 방정식을 구하는 내용을 배우게 됩니다. 두 점 A(x_1, y_1), B(x_2, y_2)를 지나는 직선의 기울기는 $\frac{y_2-y_1}{x_2-x_1}$이므로 첫 번째 구한 직선의 방정식에서 m대신에 $\frac{y_2-y_1}{x_2-x_1}$을 대입하면 $y = \frac{y_2-y_1}{x_2-x_1}(x-x_1)+y_1$이라는 아주 복잡한 공식이 나옵니다. 이것도 아이들에게는 암기의 대상이 됩니다.

그럼 세 점 A(2, 1), B(−3, 5), C(a, 2)가 일직선 위에 있도록 하는 a값을 구하는 문제를 아이들은 어떻게 풀까요? 바람직한 풀이는 세 점이 일직선 위에 있으므로 직선 AB의 기울기와 직선 BC의 기울기가 같다는 생각으로 $\frac{1-5}{2-(-3)} = \frac{2-5}{a-(-3)}$라는 식을 세우고, 이것을 계산하여 $a = \frac{3}{4}$을 얻는 것입니다.

그런데 직선의 방정식의 결과만 암기한 아이들은 위와 같은 사고를 하기보다 암기한 것만을 이용하여 풀려고 합니다. 그래서 먼저 두 점 A(2, 1), B(−3, 5)를 지나는 직선의 방정식을 공식에 대입하여 $y = \frac{1-5}{2-(-3)}(x-2)+1$에서 $y = -\frac{4}{5}x + \frac{13}{5}$을 얻고, 점 C($a$, 2)가 이 직선

위에 있으므로 이를 대입하여 $2 = -\frac{4}{5}a + \frac{13}{5}$ 에서 $a = \frac{3}{4}$ 을 얻습니다.

첫 번째 풀이는 직선의 방정식을 유도하는 과정에서 나오는 기울기의 정의를 이용한 것이고, 두 번째 풀이는 그 결과로 나온 공식을 이용한 것입니다. 첫 번째 풀이가 개념적인 풀이이고, 두 번째 풀이가 공식을 이용한 풀이입니다. 정리하자면 공식이나 계산 절차를 이용하는 학습은 공식암기학습이고, 개념학습은 공식의 유도 과정 또는 정의를 이용하는 학습이라고 할 수 있습니다.

공식암기학습은 빠르지만 위험하다

수학을 공부하는 방식을 말할 때 가장 강조하는 것은 수학의 개념을 정확히 이해하고 나서 문제를 풀어야 한다는 점입니다. 그러나 개념을 충분하게 이해하지 못한 상태에서는 개념을 이용할 수 없습니다. 그래서 문제 풀이 방법을 외우는 공식암기학습이 유행하고 있습니다. 그러나 공식암기학습에는 다음과 같은 문제가 있습니다.

첫째, 문제를 많이 풀어도 개념은 강화되지 않고 문제 풀이 기술만 늘어납니다. 그런데 문제 푸는 기술이 늘어나면 문제를 해결할 때마다 과거의 기억에 의존하게 됩니다. '어떻게 풀었더라?'는 식의 사고습관이 형성되는 것입니다. 그러다 경험해본 적이 없는 문제가 닥치면 포기하는 경우가 대부분입니다. 경험해본 문제라 하더라도 기억이 잘못되어

엉뚱한 공식이 생각나면 엉뚱한 결론을 낼 수도 있습니다. 심지어는 개념학습을 했더라도 비슷한 문제를 반복적으로 많이 풀다 보면 공식암기학습으로 바뀌어 개념이 사라지기도 합니다.

둘째, 공식암기학습에서는 개념이 강화되지 않으며, 그나마 가지고 있던 개념도 도태되어버릴 수 있습니다. 수학 개념은 평상시 일상생활에서 자주 사용되는 것이 아니므로 자주 그 개념을 상기하고 강화시켜주어야만 합니다. 그런데 공식을 많이 사용한다든가 문제 푸는 요령만 사용하게 되면 개념을 상기하고 강화할 기회가 없어져 결국 장기기억 속에서 사라지고 맙니다.*

그런데도 불구하고 개념보다 공식을 암기해야만 하는 상황이 있습니다. 중1의 유리수 사칙연산 부분 같은 경우, 분수의 나눗셈에서 분자와 분모를 바꾸어 곱하는 절차는 관계적으로 이해하는 것이 어렵고 시간도 많이 걸립니다. 우선은 공식을 암기했다가 시간적 여유가 있을 때 개념을 천천히 공부하는 것도 가능합니다. 또한 공식암기학습은 답을 빠르고 쉽게 해결해주기 때문에 시험을 앞둔 시점에서는 효과적일 수 있습니다.

---

* 기억은 단기기억, 장기기억 그리고 머릿속에서 사고를 하는 작업기억으로 나뉩니다. 어떤 개념을 배울 때 그것을 이해하는 과정은 작업기억에 속합니다. 그래서 적당히 이해가 된 것은 단기기억에 있다가 사라지고, 확실히 이해가 된 것만 장기기억에 남습니다.

결국 제대로 된 수학 학습은 개념학습 또는 관계적 이해일 것입니다. 수학을 개념적으로 또는 관계적으로 이해하고 공부하는 데는 여러 가지 장점이 있습니다.

첫째, 관계적으로 이해하면 연결능력이 생겨납니다. 왜냐하면 개념 사이의 관계가 질적으로 유기적이기 때문입니다. 수학의 공식 사이에는 유기적인 관계가 드뭅니다. 유기적인 관계는 개념이나 정의 사이에 주로 존재합니다. 그러므로 서로 연결되는 지점은 공식이 아니라 개념이나 정의 정도까지 내려가야 합니다. 그래서 개념적으로 공부하지 않으면 연결이 잘 안 됩니다.

둘째, 개념적으로 이해하면 응용능력이 커집니다. 왜냐하면 개념적으로 이해된 수학은 새로운 과제에 더 잘 적응되기 때문입니다. 그래서 개념이 풍부해지고 연결성이 강해지면 응용과 적응은 저절로 됩니다. 새로운 문제에 닥쳤을 때 그 문제에서 요구하는 개념이 이미 알고 있는 개념과 연결되면 문제는 풀립니다. 그러나 개념이 부족하다든가 이미 알고 있는 개념과 연결이 잘 이루어지지 않으면 문제는 쉽게 풀리지 않습니다. 개념이 별로 없는 상태에서 공식이나 문제 풀이 기술만 암기한다면 똑같은 문제가 아닌 이상 풀리지 않습니다.

흔히 자기 아이에 대해 응용력이 부족하다는 말을 많이 합니다. 그러나 응용력은 타고나는 별도의 능력이 아니라 개념이나 원리를 충분히 이해하면 생기는 능력입니다. 개념이 없는 아이는 응용할 준비가 되지 않은 것으로 보면 됩니다. 응용력은 개념이 탄탄해지면 저절로 생기는 것입니다.

분모가 다른 분수의 대소 비교를 관계적으로 이해한 아이는 통분과 단위분수의 개념, 즉 분자가 1인 분수의 개념을 모두 이해했기 때문에 분모가 다른 분수의 덧셈을 금방 해냅니다. 그러나 공식암기학습으로 공부한 아이는 '분모가 같은 분수의 대소를 비교할 때는 분자를 비교하면 된다'는 공식만 습득했기 때문에 분모가 다른 분수의 덧셈을 따로 학습해야 합니다.

셋째, 관계적으로 이해된 지식은 장기기억 속에 남는 양이 많습니다. 왜냐하면 관계적으로 이해된 수학은 기억하기가 쉽기 때문입니다. 원천 개념 하나만 정확히 이해하면 그다음에 나오는 개념은 관계적으로 연결되어 있기 때문에 필요할 때마다 항상 끄집어내기가 쉽고, 연결성을 생각할 때마다 기억은 강화되고 반복되기 때문에 장기기억 속에 많이 남아 있게 됩니다.

넷째, 개념적으로 공부한 학생은 수학을 좋아하게 됩니다. 관계적으로 수학을 공부하면 여러 가지 수학을 따로 공부하는 과정에서 그것들이 각각 떨어져 있지 않고 개념끼리 연결되는 경험을 하게 되어 이전에 경험하지 못한 재미를 느끼게 됩니다. 여러 가지가 연결되어 서로 모이고 하나로 변신하는 것이 신기할 따름이지요. 관계적 이해 그 자체로 내 적동기가 강해지기 때문에 결국 수학을 좋아하게 됩니다.

개념학습과 공식암기학습은 같이 이루어져야 한다

개념학습과 공식암기학습은 서로 공존할 수 없는 적으로 보입니다. 개념학습을 강조하다 보면 공식암기학습은 무시될 수 있습니다. 공식암기학습은 아이를 망친다고도 합니다. 하지만 실은 둘 사이가 그렇게 간단한 관계는 아닙니다. 개념학습을 강조하는 사람들도 흔히 다음과 같은 말을 합니다.

> 수학 공식은 외우려 해서 외워지기보다 개념학습을 하다 보면 저절로 외워진다.

공식암기학습은 개념학습의 반복을 통해 자연스럽게 일어날 수 있습니다. 개념학습을 하더라도 비슷한 문제를 반복적으로 풀다 보면 저절로 문제 푸는 기술이 개발되어 공식암기학습으로 전환될 수 있고, 그렇게 되면 자칫 개념이 도태될 수도 있습니다. 각각 장단점이 있지요.

대부분 아이들이 선택하는 방식은 공식암기학습입니다. 문제 푸는 게 쉽지 않으니 우선 문제를 해결하고 싶은 욕망이 강하거든요. 그래서 공식을 이용하여 문제를 해결하고 난 이후에 다시 개념적인 반성을 할 수밖에 없습니다. 그리고 우리나라와 같이 정해진 시간에 많은 문제를 해결해야 하는 시험 도구가 성행하는 경우, 개념적인 풀이로 단기간에 좋은 점수를 받기가 어렵습니다. 그래서 시험을 위해서라면 공식암기학습이 우선입니다.

결론적으로 공식암기학습은 문제를 빨리 해결하고자 하는 욕망과 시험점수 때문에 꼭 필요합니다. 그래서 아이들은 항상 문제집을 풀 때 공식을 이용하는 방법을 쓸 수밖에 없습니다. 그러나 이런 공부는 아이들의 사고력이나 수학적 힘을 키워주지 못합니다. 궁극적으로 공부를 하는 목적, 즉 수학적 사고력과 수학적 힘을 키워주기 위해서는 아이 스스로 자기가 푼 문제를 개념적으로 되돌아볼 수 있어야 합니다. 그것을 어려워하거나 어떻게 하는지 몰라 헤맨다면 부모가 도와줄 수 있는 방법이 있습니다. 그것이 곧 이 책에서 가장 중점적으로 다룰 '설명과 표현'입니다. 설명과 표현을 유도함으로써 아이에게 개념적인 반성이 일어날 수 있도록 도와주는 방법이지요.

정리하자면 문제를 풀다 보면 공식암기학습이 일어날 것이고, 이를 부모가 점검하는 과정에서 아이에게 표현할 기회를 제공하여 개념적인 강화를 일으킬 수 있다는 것입니다. 개념학습과 공식암기학습을 아이가 스스로 해내는 경우가 아니면 부모가 끊임없이 아이의 학습 상태를 점검해주어야 합니다. 아이가 스스로 해낼 때까지.

수학은 연결할수록
쉬워집니다

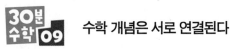

수학 개념은 서로 연결된다

$1+1 \neq 2$, $1+1=1.1$은 개념의 연결성을 상징적으로 표현한 식입니다. 수학을 각각 별도로 익히고 배우면 얼마나 공부할 게 많겠습니까? 그러나 새로운 개념이 나왔을 때 그것이 이전 개념과 연결되면 한 개념이 됩니다. 두 개념이 별도로 존재하여 $1+1=2$가 아니라 서로 연결되어 $1+1=1.1$이어야 개념이 제대로 연결된 것입니다. 이렇게 되면 수학의 모든 개념을 각각 기억할 것이 아니라 배운 것을 연결하여 0.1 정도만

추가로 기억하면 2가 되는 효과를 얻을 수 있습니다.

초등 3학년에서 배우는 자릿값의 개념은 십진법의 기초가 됩니다. 예를 들어 333이라고 할 때 처음 숫자 3은 그냥 3이 아니라 300이고, 가운데 숫자 3은 30이며, 마지막 숫자 3은 그냥 3입니다. 각 숫자가 놓인 자리에 따라 값이 달라지는 것이지요. 그래서 $333=3\times100+3\times10+3$과 같이 쓰게 되는데 이것을 중학교에서는 십진법의 전개식이라고 합니다.

이제 이진법을 표현하는 과정으로 확장되면 이 전개식이 위력을 발휘하게 됩니다. 예를 들어 십진법의 수 22를 이진법으로 고치는 과정을 봅시다. 공식으로 계산하는 방법은 계속 2로 나누면서 그 나머지를 오른쪽에 쓰는 것입니다. 그런 다음 더 이상 나누어지지 않을 때 여태까지 나왔던 나머지를 거꾸로 써서 $10110_{(2)}$와 같이 이진법의 수로 나타냅니다. 여기서 질문을 던져봅니다. 그렇

$$
\begin{array}{r}
2\,)\ 22 \\
\hline
2\,)\ 11 \quad \cdots\ 0 \\
\hline
2\,)\ \ 5 \quad \cdots\ 1 \\
\hline
2\,)\ \ 2 \quad \cdots\ 1 \\
\hline
1 \quad \cdots\ 0
\end{array}
$$

게 하면 왜 이진법의 수로 고쳐진 것이냐고. 왜 거꾸로 썼느냐고. 공식 암기학습만 한 대부분의 아이들은 이런 질문에 아무런 답을 할 수 없습니다.

그러나 십진법의 전개식을 이미 개념적으로 알고 있는 아이들은 $22=16+4+2=1\times2^4+1\times2^2+1\times2$로 표현하는 것이 가능하기 때문에 십진법의 표현방법을 이용하여 $22=10110_{(2)}$로 고칠 수 있습니다. 공식

만으로는 십진법과 연결시키기가 어렵습니다.

수학은 공부할 것이 가장 적은 과목이다

수학은 공부를 많이 하는 것보다 한 번을 하더라도 정확히 하는 것이 중요한 과목입니다. 개념을 정확히 이해하면 딱 한 번으로 끝낼 수 있습니다.

모든 학습에는 전이(轉移)라는 원리가 성립합니다. 수학은 전이가 더 잘되는 과목이지요. 대학에서 수학을 전공하는 교수님들도 각자 전공이 다릅니다. 그러나 어느 한 분야만 전공하면 나머지 분야의 수학은 똑같은 방식으로 이해할 수 있습니다. 이와 같이 수학에서 어느 한 개념을 정확하고 깊이 있게 이해하면 그 정확성과 깊이에 따라 다른 개념과의 연결성이 달라집니다. 추상성이 깊을수록 일반화가 잘되고, 넓은 분야로까지 연결이 됩니다.

사실 개념을 이해한다는 것을 확장해서 생각하면 하나하나의 개념을 이해하는 것에서 점차 여러 개념들 사이에 공통으로 흐르고 있는 심층적인 생각을 이해하는 데까지 나간다는 것을 의미합니다. 그래서 개념 공부가 깊이 있게 습관화된 아이는 새로운 개념이 닥쳤을 때 재빨리 이전의 어떤 개념과 얼마만큼 연결되어 있는가를 판단해봅니다. 그래서 그 연결 정도가 파악이 되면 나머지 새로운 부분에 집중해서 학습하지요. 이런 아이들은 '수학은 공부할 것이 가장 적은 과목'이라는 이유에서 수학을 좋아합니다. 학습할 내용의 일부를 이전 개념에 연결시키고 나면 새로이 학습해야 할 것은 얼마 되지 않기 때문에 별로 부담되지 않는 것입니다.

요즘 선행학습 학원에서는 교육과정을 한 번이 아니라 세 번씩 돌린다고 합니다. 학생들이 어리기도 하고 배경지식이 부족하기 때문에 단번에 이해하지 못한다는 이유에서입니다. 거기에 제때 배우는 진도와 시험 볼 때 공부하는 것까지 생각하면 다섯 번씩은 공부하는 것 같습니다. 그렇게 해도 '제대로' 공부한 적은 한 번도 없기 때문에 고3이 되어 장기기억에 남아 있는 것은 거의 없습니다.

2014학년도 대학입시 때 어떤 대도시에 소동이 벌어졌습니다. 그 지역 자사고들보다 일반 인문계고의 수학 성적이 두드러지게 향상되었거든요. 자사고에서는 입학할 때의 수학 수능 등급이 고3이 되어 거의 모두 떨어졌는데, 그 일반고 아이들은 대부분 오른 것입니다. 자사고라면 모든 상위권이 몰려가는 학교로 여겨지는데, 정반대의 결과 앞에 모두들 할 말을 잃었습니다. 해당 일반고에서는 입학생 전원에게 중학교 수학 내용을 5월까지 철저하게 복습시킨 후 6월부터 고1 수학을 가르친 게 비결이었습니다.

이런 학교가 있다는 데 깜짝 놀랐습니다. 역행이니까요. 후행이라고 하는 게 맞을까요? 지금 자사고에서는 고1에게 어떻게 고2 내용을 빨리 가르칠까 고민하는 게 일반적인 추세인데 여기서는 중학교 기초가 부족하면 안 된다는 생각에 중학교 수학을 철저하게 복습시켰다는 것 이지요. 일리가 있다고 생각합니다. 고등학생이 수학을 못하는 것은 고 등학교 수학을 빨리 배우지 못해서가 아닙니다. 중학교 것이나 초등학 교 것을 모르기 때문에 그게 걸림돌이 되는 것입니다. 수학의 기초는 대 부분 초등학교에 있습니다. 고등학교 수학은 기초라고 할 것이 거의 없 습니다. 그런데 선행학습으로 자란 아이들은 초등수학을 충분하고 깊이 있게 공부해야 하는 시기에 중학교 수학을 선행하고, 중학교 때는 고등 학교 수학을 선행하느라 기초를 다질 시간과 여유가 없었던 것이지요.

첫째도 개념, 둘째도 개념이다

공신(공부의 신) 사이트에 가면 공신 1,000명이 후배들에게 조언하 는 글이 있습니다. 각 과목별 학습법도 제시하고 있지요. 잠깐만 둘러보 아도 공신들이 입을 모아 강조하는 것이 무엇인지 알 수 있습니다. 수학 공부에서 가장 중요한 것은 첫째도 개념이요 둘째도 개념뿐입니다.

개념이라고 쉽게 말했지만 더 정확히 말하면 개념 사이의 연결관계 를 얼마나 정확히 만들어놓았는가 하는 것이 수능시험에서 성공하는 열쇠입니다. 그런데 그 개념 사이의 연결관계는 명문화시켜 요약할 수 는 없는 것입니다. 즉 아이의 뇌에 맞게 스스로 만들어지는 DNA 같은 것이어서 절대로 남이 만들어서 집어 넣어줄 수가 없는 부분입니다. 어른이 도와줄 수 있는 부분은 그런 학습을 하도록 아이의 습관을 유도하고 스스로 그런 학습을 하는 시범을 보이는 것뿐, 나머지는 아이가 자기 주도적으로 이루어나갈 수밖에 없습니다.

처음에는 습관 들이는 것이 쉽지 않을 것입니다. 하지만 일단 습관이 들면 이후 연결관계가 저절로 불어나는 과정에서 아이의 내적동기가 작동하게 되어 부모가 신경 쓰지 않아도 스스로 모든 학습을 해나갈 것입니다. 따라서 초등학교나 중학교 단계에서 시도하면 성공할 확률이 더욱 높습니다.

개념을 익히는 유일한 방법은, 개념을 표현하고 설명하는 것입니다

 개념학습은 표현으로만 가능하다

아이의 개념학습을 성장시키려면 구체적으로 어떻게 해야 할까요? 그 열쇠는 바로 '표현학습'에 있습니다. 표현학습은 수학 개념을 학습하는 최고의 방법이자 유일한 방법입니다.

교사의 설명을 듣는 것이나 문제를 푸는 것으로는 개념학습이 이루어지지 않습니다. 개념학습 또는 관계적인 이해는 오직 '학생 스스로의 표현이나 설명'을 통해서만 가능합니다. 배운 개념을 직접 자기의 언어로 표현하고 설명해볼 때, 수학 개념학습이 강화되고 머릿속에서 논리적인 연결이 이루어집니다.

'이해했다'는 것을 단순히 '알아들었다'는 것으로 생각하면 안 됩니다. 새로운 개념을 이해했다면 그것을 남에게 설명하여 이해시킬 수 있어야 합니다. 즉, 다른 사람에게 설명할 수 있어야 개념을 이해했다고 말할 수 있는 것입니다. 남에게 설명할 수 없다면 이해가 부족하다고 판단할 수 있습니다. 설명이나 표현은 개념의 이해 정도를 판단할 수 있는 중요한 도구입니다.

설명을 하다 보면 혼자서 공부할 때는 정확히 몰랐던 부분의 논리가 명확해지고 생각이 깊어지는 것을 경험하게 됩니다. 인과관계가 분명해지는 것이지요. 인과관계를 파악하는 능력은 수학을 가르치는 목적의 하나인 논리적 사고력에 해당합니다. 표현하는 학습은 논리적 사고력을 기르는 중요한 방법이고요.

우리는 공부라고 하면 독서실로 상징되는 공간을 떠올립니다. 칸막이 처진 공간에서 아무 간섭도 받지 않고 조용히 혼자 공부하는 것이 한국 스타일입니다. 고시촌의 모습이나 학교 자습실의 모습 또한 다를 바가 없습니다. 이런 식의 학습은 개념을 도태시킬 가능성이 있습니다. 개념학습은 책을 읽고 문제를 푸는 것만으로는 효율적이지 못합니다. 개념학습이 완성되려면 남에게 자기가 익힌 개념을 설명하는 과정이 반드시 있어야 합니다. 설명을 하다 보면 자기가 아는 것과 모르는 것을 체크할 수 있으니까 모르는 것을 정확히 다시 공부할 수 있습니다. 수학 성적과 실력을 잡을 희망의 열쇠가 이 표현학습에 있습니다.

30분 수학 13 혼자 하는 공부에는 한계가 있다

EBS가 자랑하는 프로그램은 사실 수능 방송이 아닙니다. 다큐 팀에서 만드는 여러 가지 교육 프로그램이 진짜 EBS 본연의 작품입니다. 2012년 가을부터 2013년 봄까지 방송된 다큐멘터리 중 고등학생들의 성적 향상을 위한 프로그램이 두 개 있었습니다. 두 다큐멘터리의 공통점은 성적이 낮은 학생들에게 6개월이라는 긴 시간 동안 의미 있는 여러 프로그램을 제공했다는 점입니다. 방과 후에 밤 10시까지 학교에 남아서 야간자율학습을 했고, 이를 위해 교사들은 퇴근을 늦추면서 애를 썼습니다. 또한 자율학습을 위해 칸막이가 있는 독서대를 구비하여 참가 학생 개개인에게 제공했습니다. 때로는 대학생들을 멘토로 운영하여 참가자들의 학습을 돕도록 했고, 이 밖에도 각 분야의 전문가를 투입하여 전면적으로 지원했습니다.

그 결과는 어땠을까요? 두 다큐멘터리의 결과는 성적의 의미 있는 향상으로 나타나야 했습니다. 일단 학생들의 학습태도나 공부하는 자세 등에 많은 변화가 있었습니다. 그러나 정작 성적의 변화는 다른 변화에 비해 가장 미미했습니다. 어쩌면 프로그램에 참여하지 않은 아이들 사이에서도 충분히 일어날 수 있는 우연이라고 할 수도 있을 정도였습니다. 왜 6개월이라는 긴 시간 동안 두 번의 시험을 거치고도 성적에서 의미 있는 변화를 거두지 못했을까요?

혼자서 책만 보고 문제를 푸는 학습의 한계라고 생각합니다. 문제집을 혼자 푸는 것만으로는 개념학습이 일어나기 어렵다는 증거입니다. 개념학습은 표현이나 설명을 통하지 않고는 쉽지 않습니다. 이들이 공부한 것을 스스로 이해했다고 판단할 수 있는 설명과정을 프로그램에 넣었다면 성적이 보다 향상되었을 것이라 생각합니다. 저도 이 중 일부 프로그램에 함께 참여했지만 그 당시에는 표현학습의 중요성을 미처 깨닫지 못하고 있었습니다. 지금 돌이켜보니 아쉬움이 남습니다.

30분수학 14 표현학습이 메타인지를 키운다

학습 과정에서 중요한 것은 어떤 개념을 내가 정확히 아는가, 아니면 조금은 알지만 부족한 상태인가, 아니면 아예 모르는가를 명확히 구분하는 것입니다. 그래서 정확히 이해한 것이 아니라고 판단되면 계속 공부하여 부족한 부분을 메워야 합니다. 그러면 나중에 고3이 되어서야 개념 부족 현상을 발견하는 일이 적어지지요.

우리가 생각하는 것을 인지라고 부릅니다. 그런데 이 인지를 바라보고 있는 또 다른 눈이 있습니다. 이것을 메타인지라고 합니다. 우리의 사고능력을 객관적으로 바라보는 또 하나의 눈이 바로 메타인지입니다. 메타인지는 내가 아는 것과 안다고 착각하는 것을 파악하는 능력입니다. 나 자신을 아는 것이지요!

어떻게 하면 메타인지를 상승시킬 수 있을까요? 심리학에서는 그 비법을 설명, 즉 표현에서 찾고 있습니다. 설명을 해보면 내가 아는 것과 모르는 것의 구분이 명확해지고 내가 알고 있는 지식들의 인과관계가 그려진다는 것입니다.

다음의 학습 피라미드는 여러 가지 방법으로 공부한 다음 24시간 후에 공부한 내용이 남아 있는 비율을 나타낸 것입니다. 듣는 공부는 5퍼센트가 남지만 말하는 공부는 90퍼센트가 남습니다. 말을 하게 되면 궁

학습 효율성 피라미드

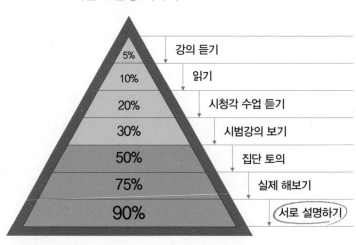

5%	강의 듣기
10%	읽기
20%	시청각 수업 듣기
30%	시범강의 보기
50%	집단 토의
75%	실제 해보기
90%	서로 설명하기

금증이 생겨 '왜?'라는 질문을 스스로 계속 하게 됩니다. 원래 알지만 말을 하면 또 다른 게 보이고, 다른 사람과 말을 주고받으면 생각이 끊이지 않습니다. 그게 말로 설명하는 학습방법의 핵심적인 효과입니다. 수학을 공부할 때도 이러한 표현학습을 적극 시도해야 최고의 학습 효율을 낼 수가 있습니다.

그런데 우리 아이의 학습 과정을 점검해보면 어떨까요? 하루 공부 동안 이렇게 배운 것을 남에게 표현할 기회가 얼마나 될까요? 거의 없을 것입니다. 그렇다면 우리 아이는 개념학습을 못하고 있다고 판단할 수 있습니다. 이제, 부모가 아이를 위해서 해주어야 할 길이 나타나기 시작했습니다.

하루 30분 수학
준비 단계

행복한 수학을 시작하는 열 가지 마음 준비

- 그동안 아이와 씨름하며 힘들었던 순간들을 희망으로 위로하자.
- 아이가 겉으로 태평해 보여도 속으로는 수학을 잘하고 싶어 힘들어 한다는 것을 알아주자.
- 아이를 성인과 동등한 인격체로 존중하자.
- 첫술에 배부르랴, 어제보다 하나만 나아져도 기뻐하자.
- 스스로 하고 싶어 하지 않으면 억지로 시키지 말자.
- 아이의 고민을 진심으로 들어주고 반드시 해결해주려고 노력하자.
- 매일, 사랑을 꼭 표현하자.
- 작은 일이라도 아이 스스로 해낸 일에 대해서는 반드시 칭찬을 아끼지 말자.
- 능력은 타고나는 것이 아니며 노력에 따라 성장하는 것임을 잊지 말자.
- 성적이 최고인 아이보다 개성 있는 아이로 키우자.

2부
부모의 하루 30분

CONTENTS

개념학습은 철저히 자기주도적이어야 합니다. 남에게 배우는 것보다 스스로 깨우치면서 부족한 부분만 남의 도움을 받는 것이 가장 이상적인 학습법입니다. 사교육 등 남에게 맡겨지면 자기주도성을 확보할수가 없습니다. 스스로 깨우치는 수학, 아이가 스스로 개념을 찾아가는 수학을 위한 구체적인 코칭 방법을 소개합니다.

수학 코칭의 핵심은 들어주고, 질문하고, 기다려주는 것입니다

 '30분 수학 대화'로 표현학습을 실천한다

거듭 강조하지만 개념학습은 아이의 표현을 통하지 않고는 불가능합니다. 지금부터 표현학습을 실천할 구체적인 방법을 소개하고자 합니다. 바로 '30분 수학 대화'입니다.

'30분 수학 대화'는 부모가 하루 30분 정도 시간을 내서 자녀와 대화하며 학습 상태를 점검하는 방법입니다. 간단하지만 강력하게 자기주도적 학습 습관을 형성하도록 도울 수 있지요.

단계	아이가 할 일	부모가 할 일
준비물	교과서, 익힘책, 문제집, 수학 노트	개념 점검 노트(부모용)
방법	① 학교에서 배운 개념 설명하기 ② 문제 푼 방법 설명하기	① 들어주기 ② '왜'냐고 묻기 ③ 적절히 질문하기
주안점	① 폭넓은 개념 습득 ② 수학적 민감성 획득 ③ 자세한 설명 및 표현	① 끼어들거나 다그치지 않기 ② 교과서 개념 강화시키기 ③ 문제 풀이 과정에서 반성 유도하기

이 대화의 주인공은 아이입니다. 부모는 토크쇼의 사회자 역할입니다. 대화의 주제는 그날 배운 '개념'과 '문제를 푼 방법'에 관한 것입니다. 그날 배운 개념을 그날 설명하도록 하는 것, 풀었던 문제 중에서 한두 개의 풀이 과정을 차근차근 설명해보도록 하는 것만으로 굉장한 학습 효과를 거둘 수 있습니다. 핵심은 아이의 머릿속에만 있는 개념을 입 밖으로 꺼내어 표현할 기회를 만들어주는 것입니다.

이때 부모는 아이의 설명을 들어주며 적절한 질문과 반응으로 깊은 대답을 유도합니다. 하루 30분 이면 누구나 자녀의 수학 학습을 점검해주고 자기주도적 학습 습관을 키워줄 수 있습니다.

아이가 개념을 습득해가고 있는지, 설명이 자세해지고 있는지에 유의하여 듣다 보면 아이의 상태가 점점 파악될 것입니다. 그러나 단번에 좋아지는 것은 아니므로 몇 달을 두고 시행할 각오도 해야 합니다.

주변 초등 학부모 중 최수일 선생님이 제안한 방법을 실천하고 있는 친구가 있는데 정말 도움을 많이 받고 있다 합니다. 특히 초등 4학년인 아들이 했다는 말이 잊히지 않습니다. "엄마! 나 이거(개념) 처음 봤어." 평소 사교육은 시키지 않아도 문제집 한 권은 늘 미리 풀렸는데 엄마에게 설명하면서 처음 보았다니요…. 본인이 공부했다고 하는 것, 문제를 풀었다고 하는 것보다 설명하는 것이 더 중요하다는 확실한 증거이겠지요. - 중1 학부모

부모의 역할을 바꾼다

지금까지 부모의 역할은 공부를 시키고 감시하고 채점하는 것이었습니다. 아이가 잘 모르면 도와준다는 핑계로 이해할 수 없게 설명하면서도 가르치려 들었습니다. 그러나 스스로 이해하지 못한 것을 남에게 듣는 것으로는 이해하기가 어렵습니다. 아이가 이해할 수 있는 수준에 이를 때까지 기다려줘야 자기 스스로 해결하는 습관이 길러집니다. 이른바 자기주도적 학습 습관입니다.

'30분 수학 대화'에서 부모의 정확한 역할은 아이의 설명을 들어주는 것입니다. 아이는 자기가 이해하지 못한 것을 남에게 설명할 수 없습니다. 그러므로 아이의 설명을 들어준다는 것은 아이가 이해한 것을 설명

할 기회를 제공하는 것입니다. 그러면 아이는 자기가 아는 것을 논리적으로 조직하고 사고하는 힘을 키울 수 있으며, 이 힘이 아이가 지금 이해할 수 없는 것을 스스로 이해할 수 있도록 해줍니다.

'내 안에 답 있다'는 말은 코칭에 있어 중요한 포인트입니다. 남을 도와주는 코칭의 기본은 말하기보다 '들어주기', 대답하기보다 '질문하기'입니다. 왜냐하면 모든 답은 본인이 가지고 있기 때문입니다. 스스로 답을 끌어내고 찾아가도록 하는 것이 남을 돕는 가장 중요한 핵심입니다. 부모가 아이들의 수학 학습을 돕는 것도 코칭의 원칙에서 벗어나면 안 됩니다. 왜냐하면 수학 공부를 잘하도록 하는 것도 도움의 일종일 뿐이니까요. 부모가 대신 공부해줄 수는 없습니다.

상대방(아이)이 해답을 가지고 있고, 나(부모)는 단지 도와줄 뿐입니다. 이 역할에서 벗어나면 아이는 부모와 대화하기를 거부합니다. 부모를 만나는 것이 두려워 만나기를 꺼리고 회피합니다. 자기 학습을 도와줄 거라 믿을 수가 없는 것입니다.

"엄마랑 다른 과목은 공부해도 수학만큼은 혼자 할 거야!" 하고 주장하기도 합니다. 분명 이전에 엄마와 함께 수학 공부를 하면서 아이가 상처를 많이 받은 경우입니다. 이처럼 부모와 아이 사이의 관계가 정상적이지 않으면 둘 사이에 이루어지는 일은 뭐든 긍정적일 수가 없습니다. 갈수록 관계가 나빠지고, 성적은 떨어지겠지요. 이런 기간이 길수록 아이는 이른바 수포자의 대열에 들어설 가능성이 높아집니다.

수학이 재미있다는 걸 깨닫게 해주겠다는 책임감에 어깨가 무거웠어요. 아이가 연산을 재미없어 하고 긴 문장의 문제를 보면 난해한 표정으로 못하겠다는 말부터 하더라고요. 조금만 생각해보면 알 수 있을 텐데 왜 생각을 안 하려고 하는지…. 제가 아이에게 시키기만 해서 그런 것도 같아요. 다른 사람에게 설명하듯이 공부하면 학습 효과가 배가 된다는 걸 저는 이미 경험한 만큼, 아이도 꼭 재미있고 흥미롭게 수학을 학습하게 되길 기대해봅니다. – 초3 학부모

30분 수학 17 '30분 수학 대화'로 교과서 개념 이해 상태를 점검해보자

'30분 수학 대화'를 이용하여 교과서 개념 이해 상태를 점검해봅시다. '30분 수학 대화' 시간 동안 부모는 20퍼센트만 밀고 나머지 80퍼센트는 들어주어야 합니다. 아이가 80퍼센트를 말하게 해야 합니다. 구체적인 방법은 다음과 같습니다.

1단계 : 아이는 배운 내용을 설명하고, 부모는 듣는다
"오늘 뭐 배웠니? 엄마한테 설명해줄래?"

일단 부모는 아이가 그날 학교에서 배운 진도를 확인하고 수학 교과

서를 보면서 질문을 합니다. 첫 질문은 "오늘 뭐 배웠니?"입니다. 아이가 배운 개념을 말하면 이때 "그거 엄마한테 설명해줄래?" 하고 요구합니다. 아이가 설명을 줄줄 해내면 가급적 통과시켜주고 칭찬해줍니다.

이렇게 하면 아이의 수업 집중력이 강화됩니다. 저녁에 부모와 만나 학교에서 배운 것을 설명하려면 수업시간에 감히 딴짓을 할 수가 없겠지요. 그리고 이해가 가지 않으면 수업시간에 선생님께 질문을 해서라도 이해하려 들 것입니다. 유태인 교육에서 강조하는 '질문하는 아이'의 첫걸음이지요.

아이가 설명을 잘 해내면 칭찬을 해줄 수 있겠지요. 이때도 요령이 있습니다. 칭찬이 잘못되면 역효과를 볼 수 있습니다. 결과보다는 과정을 칭찬해야 합니다. 설명을 또박또박 잘하면 "오늘 수업시간에 집중해서 들었구나!" "열심히 노력하는 모습이 보여서 엄마는 감사하게 생각한다!" 정도가 좋겠지요. "넌 역시 천재야!"처럼 과도한 칭찬을 하면 아이는 은근히 부담을 갖게 됩니다.

2단계 : 설명 내용에 대해 질문한다
"왜 그래? 이유가 뭐지?"

질문에도 요령이 있습니다. 개념의 뿌리에 맞닿은 설명이 나올 때까지 질문해야 합니다. 그러면서도 감시하고 불신하는 태도 혹은 검사하는 태도를 취하면 안 됩니다.

질문을 하는 것은 아이가 개념을 확실히 정복하도록 돕기 위한 것입니다. 부모에게 설명하는 과정에서 아이가 자기 설명이 충분하다고 느끼면 자기 만족감이 커질 것이고, 자신 없는 부분이 있다면 이해가 부족하다는 것을 깨닫게 될 것입니다.

아이 스스로 자신감 넘치게 설명하더라도 부모가 듣기에 뭔가 이해되지 않으면 진짜 궁금한 마음으로 질문해보세요. 자신의 힘으로 부모를 이해시키는 경험을 하게 되면 아이는 더욱 의욕적으로 참여하게 됩니다. 따라서 이해되지 않던 부분이 아이의 설명으로 이해가 되었다면 크게 감탄하는 모습을 보여주세요. 아이의 자기 만족감을 높여주는 기회가 됩니다. 부모가 학창 시절에 수포자였더라도 이번 기회에 수학을 진정 이해하게 된다면 아이에게 큰 힘이 될뿐더러 아이가 핑계를 대지 못하게 하는 중요한 세기가 될 수 있습니다.

또한 개념 점검 노트를 하나 장만해서 대충 세 가지 정도로 아이의 학습 상태를 기록해나가세요. 설명을 완벽하게 한 것과 아직은 부족한 것, 그리고 잘 모르는 것으로 구분하는 게 가능할 것입니다. 그래서 부족한 것과 잘 모르는 것은 계속 점검하도록 합니다.

혹시 설명이 약간 부족하더라도 아이가 자신감 있게 설명하면 점검 노트에 기록해놓고 며칠 후에 체크하는 것이 좋습니다. 조그만 오류를 잡으려다가 아이의 자존감을 떨어뜨릴 우려가 있기 때문이지요. 칭찬을 하려면 깨끗하게 부추겨주고 아쉬움은 기록으로 남기면 됩니다. 가장 이상적인 것은 아이가 스스로 부족한 부분을 발견하고 다시 와서는 "지난번에 제가 이렇게 설명했는데 다시 생각해보니 이 부분이 잘못된 것을 알았어요." 하고 수정하는 것입니다.

이렇게 할 수 있는 것은 본인 스스로 설명한 내용을 기억하기 때문입니다. 대충 공부한 것은 기억하지 못해도 남에게 설명한 것은 반드시 기억합니다. 그리고 스스로 수정했으면 더 이상 오류를 범하지 않습니다. 그런데 설명이 부족하다는 것을 부모가 가르쳐주면 이는 스스로 깨달은 것이 아니므로 일시적으로 이해했다고 착각할 수 있습니다. 그리고 이 착각을 묻어둔 채 넘어가면 학습에 결손이 생기지요.

반면 오래 기다렸는데도 아이 스스로 깨닫지 못하는 경우가 있을 것입니다. 따라서 기다리는 한도는 그 단원을 마치는 정도가 적당합니다. 한 단원을 마치고 다음 단원으로 넘어갈 때 점검 노트를 통해 해결되지 않은 게 있는지 확인해봅니다.

3단계 : 설명하지 못하면 다시 기회를 준다

"그럼 네가 다시 공부해서 내일 설명해줄래? 기다릴게!"

아이가 잘 모르는 부분은 어떻게 해야 할까요? 부모 앞에서 잘 설명하지 못했으니 이미 벌을 받은 것이나 다름이 없습니다. 따라서 혼내거나 잔소리를 하면 관계는 다시 깨집니다. 설명을 잘하지 못하더라도 절대 화는 내면 안 됩니다. 수업시간에 집중했어도 여러 가지 이유로 이해하지 못할 수 있습니다. 개념 자체가 현재 배경지식으로 이해하기에는 어려울 수도 있고 이전에 이해하지 못한 개념 때문일 수도 있습니다. 이럴 때는 "그럼 네가 다시 공부해서 설명해줄래?" "기다릴게!" 정도의 말을 하되 온화하고 우호적인 표정으로 같이 안타까워하고 있다는 동질감을 주어야 합니다. 부모 스스로는 답답하고 화나는 마음을 잘 감추고 있다고 생각할 수 있지만 아이는 부모의 감정을 쉽게 알아차립니다. 부모가 가져야 할 것은 아이에 대한 '무한한 사랑'뿐임을 꼭 기억해주세요.

개념 자체가 너무 어려운 경우는 당장 해결되지 않을 것입니다. 아이에게 더 많은 배경지식이 쌓여 스스로 이해되는 순간을 기다리는 수밖에요. 그러나 선수 지식이 부족한 경우라면 그 개념을 찾아 다시 공부하는 것으로 해결이 가능합니다. 이전 지식이 있는 곳을 찾아 다시 공부하도록 해야 합니다.

다음은 '하루 30분 수학'을 통해서 교과서 개념을 정리하기 시작한 초등학교 1학년 부모의 글입니다.

체험
TALK

1학기 때는 솔직히 수학 교과서를 구경할 생각도 안 했습니다. 문제집에 자세히 나와 있는데 굳이 교과서가 필요할까 생각했지요. 교과서를 처음 보니 생소하고, 아직까지는 아이에게 어떤 질문을 해야 더 많은 생각을 해보게 할 수 있을지 모르겠더라고요. 아이 역시 지금의 공부 방식이 어느 정도 자리를 잡기까지는 적응 기간이 필요할 테고요. 한 가지 다행인 것은 엄마에게 설명하고 가르치는 것을 생각보다 즐거워 한다는 점입니다.

며칠 전에는 두 자리 수 더하기 한 자리 수의 세로셈 문제를 설명해보 게 하였습니다. 요즘 학교에서 덧셈을 배우고 있거든요. 문제를 어려 움 없이 풀기에 이해하고 있는 줄 알았습니다. 그런데 막상 설명하도 록 시켜보니 '그냥'이라는 식이었어요. 세로셈에서 덧셈 기호를 어디 에 쓰는지, 숫자는 왜 자릿수대로 맞춰서 쓰는지가 확실히 정립되어 있지 않아 있어 내심 놀랐습니다. 답을 잘 맞히기에 원리나 개념을 모 르고 있다는 생각은 그간 하지 못했던 것입니다. 아이와 수학 대화를 시작한 것이 얼마나 다행인지 모르겠네요. - 초1 학부모

문제 풀이 상태를 살펴보면
수학 실력이 보입니다

 문제 채점 방식을 바꾸자

교과서나 익힘책 또는 문제집에 있는 문제를 점검하는 데도 요령이 있습니다.

초등학생 때는 대부분 문제집의 풀이집을 부모가 직접 관리합니다. 아이가 해답을 보면서 문제를 푸는 방법은 바람직하지 않기 때문이지요. 그리고 부모로서는 아이가 푼 결과를 확인하고 점검하는 방법으로 아이의 학습 상태를 파악하고자 하는 의도도 있을 것입니다. 그래서 아이가 문제를 풀면 해답을 보면서 빨간 색연필로 ○× 표시를 해왔습니다. 틀린 문제는 즉시 다시 풀도록 시키기도 했지요.

여기에는 두 가지 맹점이 있습니다. 하나는 맞힌 문제에 대해서 그냥 넘어간다는 점이고, 또 하나는 틀린 문제를 어떻게 즉시 다시 풀 수 있느냐 하는 것입니다. 단순한 계산 실수라면 몰라도 개념에 대한 이해가 부족해서 틀렸다면 그 자리에서 다시 풀 수 없을 것입니다. 이제부터 두 가지 맹점을 해결하는 방향으로 점검해야 합니다.

1단계 : 문제 풀이 상태를 눈으로 확인한다

제대로 개념을 알고 잘 풀었다면 상관이 없지만 어설프게 풀어 맞은 것이 있다면 문제가 됩니다. 차라리 틀렸거나 모른다고 하면 나중에 다시 공부할 기회가 있을 수 있는데, 어설프게 맞아버리면 그 문제는 다시 볼 일이 없기 때문입니다. 그러다가 실전에서 비슷한 문제가 나오면 틀리게 됩니다. 비슷한 문제인데 틀리는 이유는 환경의 차이 때문입니다. 실전에서는 시간적 여유가 없고, 참고할 것도 없으니까요. 또 이미 시간이 흘러 장기기억에 남아 있지 않을 수 있기 때문입니다. 그러니 틀린 문제는 당연히 다시 봐야 하고, 맞힌 문제도 다시 봐야 합니다.

그러면 맞힌 문제는 어떻게 체크할까요? 맞힌 문제도 아직 동그라미 표를 하지 않은 상태에서 마치 틀렸다는 듯이 문제 푼 과정을 설명하게 해보세요. 그래야 자기가 맞힌 것도 의심해보게* 되고 이 과정에서 확신을 갖게 됩니다. 이 정도가 되어야 장기기억으로 변환됩니다. 이때 문제 푼 공책이 아이 옆에 있으면 안 됩니다. 풀이 공책은 부모 손에 있고, 아이는 새로운 연습장이나 화이트보드에 아무것도 없이 풀어내야 합니다. 그래서 설명을 잘 해내면 그때 동그라미표를 쳐줍니다.

2단계 : 문제 해결 과정에 대해 설명하게 해본다

문제를 푸는 방식, 문제를 해결하는 과정 또한 반드시 점검해야 합니다. 어떤 풀이 과정에는 개념이 하나도 없이 기계적인 절차만 있을 수 있습니다. 이런 풀이는 개념을 강화시켜주지 못합니다.

다음은 중1 수학 내용 중 일차방정식을 푸는 과정입니다.

해답집에는 대부분 절차적인 풀이만 나와 있을 것입니다. 왜냐하면 개념적인 풀이를 하면 지면을 많이 차지하게 되어 책이 두꺼워지고 제작비가 많이 들거든요. 그리고 문제집을 집필하는 사람들은 수학 도사들일 텐데, 암산으로도 풀리는 이런 문제를 자세하게 개념적으로 풀이하는 건 그 사람들에게 귀찮은 일이겠지요.

---

*수학적 사고는 재도전과 반성에 의해 향상될 수 있습니다. 수학적 사고는 의문 품기, 도전하기 그리고 반성하기를 통해 강화됩니다.

문제	일차방정식 $5x-2=3x+6$을 푸시오.
절차만 있는 풀이	$5x-3x=6+2$ $2x=8$ $\therefore x=\dfrac{8}{2}=4$
개념이 있는 풀이	오른쪽의 $3x$를 없애기 위해 양쪽에서 $3x$를 빼주면 $5x-2-3x=3x+6-3x$ $2x-2=6$ 왼쪽의 2를 없애기 위해 양쪽에 2를 더해주면 $2x-2+2=6+2$ $2x=8$ 왼쪽의 2를 없애기 위해 양쪽을 2로 나누어주면 $\dfrac{2x}{2}=\dfrac{8}{2}$ $\therefore x=4$

 그래서 아이들이 일차적으로 혼자 풀 때 절차적으로 풀 가능성이 많습니다. 설명을 요구하면 그때서야 개념적인 생각을 하게 됩니다. 그래서 설명해보도록 하는 과정이 필요한 것입니다.

 문제를 설명하게 할 때는 글보다 말이 앞서야 한다는 원칙을 지켜야 합니다. 즉 문제를 이해하는 데 필요한 개념을 설명한 이후에 첫 줄을 쓰는 겁니다. 그리고 둘째 줄로 넘어가기 전에도 왜 그렇게 해야 하는지 먼저 명확히 설명하게 합니다. 이런 식으로 모든 글은 말로 그 개념과 이유를 설명한 이후에 글로 쓰도록 합니다. 그래야만 문제를 풀면서 개념을 강화할 수 있습니다. 문제를 푸는 목적이 단순히 답을 맞히려는 것이 아니라 개념을 강화하려는 것임을 항상 상기시켜야 합니다.

이때 화이트보드 앞에 서서 설명하면 일종의 '선생님 놀이'가 됩니다. 수업시간에 교사들은 수학 문제를 그냥 죽 풀어놓고 설명하기보다 대부분 한 줄 한 줄 설명하면서 풉니다. 그러므로 화이트보드를 이용하는 것이 설명하기에 자연스러울 수 있습니다. 그리고 서서 설명하는 것이 기억에 유리하다는 연구도 있습니다.

아이가 문제 푸는 과정을 먼저 쓰고 나서 설명을 하면 써놓은 것을 가리키며 "이거, 이거." 하면서 대충 넘어가는 경우가 많습니다. 뭐라고 설명할지는 몰라도 하여튼 문제는 풀었고 답도 나왔으니 그만이라는 생각이지요. 설명하기 전에 문제를 풀면 개념적인 설명이 되지 않습니다. 개념을 강화하는 데 도움이 안 될 수 있다는 말이지요. 반대로 아무 식이나 기호도 쓰지 않은 상태에서 남에게 말로 설명하려면 정확한 수학 용어와 개념을 늘어놓아야만 합니다. 따라서 이 방법은 개념이나 용어 구사의 정확성을 훈련하는 데 아주 좋은 수단이 될 것입니다.

체험 TALK

이제는 아이에게 무조건 많이 풀라면서 여러 권의 문제집을 들이밀지 않습니다. 한 문제를 풀더라도 제대로 알고 푸는지 확인하고, 답이 맞았어도 그냥 넘어가지 않아요. 그랬더니 아이가 혼자 문제를 풀 때도 이런 방식을 조금씩 지켜가는 듯해서 참 다행입니다. – 초6 학부모

3단계 : 풀다 말았거나 손도 대지 못했다면 시간을 주고 다시 체크한다

풀지 못했다면 아직 아이의 선수 지식이나 배경지식이 부족한 상태이므로 해당 개념이 있는 교과서를 찾아줍니다. 아이 스스로 교과서의 해당 부분을 찾을 수 있다면 금상첨화겠지요. 이전 교과서는 절대로 버리면 안 됩니다. 없으면 헌책방을 뒤져서라도 다시 구입해야 합니다.

아이가 교과서의 해당 개념을 다시 읽으면서 이해해보고 문제를 풀어볼 수 있게 시간을 줍니다. 몇 시간을 줄 수도 있고 며칠을 줄 수도 있습니다. 중요한 것은 부모가 꼭 다시 체크를 해야 한다는 점입니다. 풀다가 걸린 문제 역시 바로 해답을 보게 해서는 안 됩니다. 두세 번 더 도전해보도록 격려하면서 필요하면 교과서 개념을 다시 보게 하는 것도 괜찮습니다. 그런데 여러 번의 도전을 통해서도 해결하지 못하면 너무 지칠 수 있습니다. 적당한 시기에 해답을 보게 해줄 필요가 있습니다. 그러면 바로 해답을 보게 했을 때보다는 모르는 부분이 많이 줄어든 상태이므로 빨리 이해할 것입니다. 다 아는 듯 반응하더라도 이런 문제는 일주일 후에 꼭 다시 확인하도록 합니다.

 수학 문제집을 풀리고 채점하고 틀린 문제를 그 자리에서 다시 풀어 맞히게 해야 공부가 끝나는 줄 알았습니다. 조금 전까지 못 풀었다면 금방 다시 풀어봐도 풀 수가 없으리라는 것을 간과했던 거죠. 아이는 이미 지쳐 있고… 수학을 정말 좋아하거나 승부욕이 대단한 아이가 아니라면 무리인 일을 당연한 것으로 여겨 아이를 괴롭혔나 봅니다. 이제 문제 풀이를 어떻게 지도해야 하는지 확실하게 감이 오네요. -초5 학부모

30분 수학 19 방학에도 표현학습은 계속된다

방학 때는 여유가 많기 때문에 하루 시간 계획을 알차게 짜야 합니다. 그리고 아이와 만나는 시간을 늘려야 합니다. 아이가 혼자 공부한 양이 많을수록 만나는 시간도 늘어나야 하기 때문입니다. 그렇게 매일 점검해야 합니다. 점검이란 아이의 설명을 통한 표현을 말합니다. 표현을 해야만 학습이 완성됩니다. 점검을 늦추면 학습의 완성 시기가 늦어지면서 이후 학습에 지장을 초래할 수 있습니다.

표현이나 설명을 하면서 공부한 부분과 혼자 진도만 나간 부분의 이해도는 다릅니다. 수학 과목에만 해당되는 것은 아닙니다. 시험을 보고 나면 확실히 구분이 됩니다. 다음은 중학교에서 진행된 4주간의 강의에 참여한 부모의 고백입니다.

아이와 학습 상태를 점검하는 방법을 시도해봤습니다. 수학만이 아

니라 틈나는 대로 여러 과목에 시도해봤는데, 이번 중간고사 결과를 보고 깜짝 놀랐습니다. 생물 과목에서 유전 부분을 다 이해하지 못한 채 시험을 치렀거든요. 그런데 아뿔싸! 설명하며 학습한 부분은 다 맞았는데 유전 부분만 모두 틀려온 거예요. 비로소 이 방법이 얼마나 학습의 완성도를 높이는지 확실히 깨달았어요. 표현하게 하는 것, 설명할 기회를 주는 것은 모든 과목의 학습법이라고 생각해요. 이번 방학에는 2학기 것을 예습하지 않고 1학기 때 부족했던 부분을 철저히 개념 위주로 복습해야겠어요. 아이도 동의했고요.

이렇게 학습 습관이 형성되면 이제 부모의 도움이 덜 필요하게 됩니다. 그래도 가끔은 점검해주어야 합니다. 프로 스포츠 선수에게도 코치가 있습니다. 코치가 선수보다 실력이 뛰어난 것은 아닙니다. 그러나 선수가 시합을 많이 하다 보면 기본기가 흐트러집니다. 그 기본자세를 잡아주는 것이 코치의 역할이고요.

수학의 기본기, 즉 개념을 풍부하게 가진 아이도 문제를 많이 풀다 보면 공식암기학습이 몸에 뱁니다. 점검을 통해 개념을 강화하는 훈련을 해줄 필요가 있습니다. 개념이 도태되기 전에 개념을 강화하고 반복해서 기억하게 하는 것입니다. 이게 부모의 역할입니다.

또한 방학에는 급할 게 없으므로 혼자 자기주도적으로 공부할 수 있습니다. 여기에도 요령이 있습니다.

예습을 할까, 복습을 할까?

1. 초등학생의 경우 지난 학기 수학 개념에 대한 이해가 많이 부족하면 복습에 집중하고, 이해가 충분하면 바로 예습에 집중합니다. 어중간하면 복습을 충분히 마치고 예습은 여유가 되는 대로 진행합니다.

2. 중학생의 경우 지난 학기와 새 학기의 영역이 다르므로 새 학기 예습에 치중하되 지난 학기의 부족한 부분을 적당한 정도로 복습합니다.

3. 고등학생의 경우 확률과 통계를 제외하고 수학 I 부터 기하와 벡터까지 다섯 과목이 이어지므로 이전 과목에 대한 이해가 부족하면 복습을 우선시해야 합니다.

교과서를 볼까, 문제집을 볼까?

1. 복습은 반드시 교과서로 해야 합니다. 그리고 개념 이해 정도를 파악하는 데 주력해야 합니다. 책을 읽지 않은 상태에서 개념에 대한 제목만 보고 장기기억 속에 있는 것을 끄집어내어 설명할 수 있어야 합니다. 개념이 잘 설명되면 교과서에서 개념 설명에 바로 이어 나오는 문제(중등수학에서는 예제)를 풀이는 보지 않고 가급적 개념을 이용하여 풀 수 있게 합니다. 연습문제나 익힘책 등은 풀 필요가 없고 문제집으로 복습하는 것도 큰 효과가 없습니다.

2. 예습도 반드시 교과서로 해야 합니다. 먼저 교과서의 개념 설명을 여러 번 읽습니다. 개념에 대한 이해가 되지 않으면 예제를 풀지 않고 바로 다음 개념으로 넘어갑니다. 예제는 개념에 대한 이해가 충분하다고 판단될 때 풀고, 이때 풀이는 가급적 참고하지 않습니다. 문제집은 새 학기가 되어 학교에서 진도를 나가는 시점에 집중하는 것이 효과적입니다. 혼자서 새 학기의 개념을 이해했다 하더라도 선생님의 설명을 충분히 들어 개념 이해를 더 강화한 후에 풀어도 늦지 않습니다. 그래야 한 문제를 풀어도 개념학습이 일어납니다.

3. 결론적으로 복습이나 예습 모두 교과서가 최고이며, 교과서 학습이 충분하다고 판단될 때만 문제집을 풀어봅니다.

적절한 수학 질문이 아이의
수학 사고력을 한 단계 높여줍니다

 수학을 점검하는 두 가지 방법

아이의 개념 이해 상태나 문제 해결 여부를 부모가 확인하는 방법은
두 가지로 나눌 수 있습니다.

첫 번째 방법은 부모가 수학을 전혀 이해하지 못한 상태에서 자녀의
개념 이해 상태를 점검하는 방법입니다. 부모가 수학을 모두 이해하는
것은 쉬운 일이 아닐뿐더러 부모에게 수학을 계속 공부할 시간이 충분
한 것도 아닙니다.

수학 내용을 전혀 몰라도 교과서를 보면 무엇을 배웠는지 정도는 알 수 있습니다. 따라서 그날 나간 진도를 파악한 후 먼저 제목 정도만 읽어보고 해당 내용을 설명해보게 하세요. 예를 들어 제목이 '분모가 같은 두 분수의 덧셈'이고 내용이 두 쪽에 걸쳐 나와 있다면, 먼저 "오늘 뭐 배웠니?" 하고 묻습니다. 아이가 '분모가 같은 두 분수의 덧셈'을 배웠다고 정확히 말하면 "그래? 어떻게 하는지 설명해줄래?" 하고 물어보세요. 아이가 정확히 이해하지 못했다면 설명하지 못할 것입니다. 거짓으로 설명하는 것은 불가능해요. 이때는 절대 화내지 말고, 시간을 더 주는 것으로 정리하고 체크해둡니다.

만일 아이가 무얼 배웠는지 모르겠다고 하면, 제목을 읽어주세요. 그래도 기억나지 않는다고 하면 책을 다시 보게 하고, 확인하는 과정은 다음 날로 미룹니다. 금방 책을 다시 보고 말하는 것은 잠깐 눈으로 익혀 대답하는 것이기 때문에 완전히 이해하여 머릿속에 기억되었다고 보기 어렵습니다.

두 번째 방법은 부모가 같이 수학을 공부하면서 아이를 돕는 방법입니다. 아이에게 더 높은 수준의 질문을 던짐으로써 수학적 사고력을 길러주려는 의도가 있지요.

이를 위해서는 부모가 교과서와 익힘책, 문제집을 아이와 똑같은 진도로 공부하는 것이 좋습니다. 부모도 아이와 똑같이 공부하다 보면 깨닫는 지점이 있고 의문이 드는 부분이 생깁니다. 대부분 부모가 의문이

드는 지점에서 아이도 걸리게 마련입니다. 그런데 아이가 이를 해결하려 노력하지 않고 여기에 아무런 이의를 제기하지 않는다면, 부모가 생각할 거리를 살짝 던져줄 수 있습니다.

예를 들어 '분모가 같은 두 분수를 더할 때는 분자끼리만 더하면 된다'는 부분에서 "왜 분자끼리만 더하면 될까?" "왜 분모는 더하지 않을까?" "이 방법의 원리와 뿌리는 무엇일까?" "이전의 어떤 계산과 맞닿아 있을까?" 등의 질문을 하나씩 던지는 것입니다. 단, 지금 당장 정확한 답을 듣겠다는 성급한 마음을 버리고, 아이에게 생각할 시간을 줘야 합니다.

하지만 이 방법은 아이를 더 궁지에 몰아넣을 수도 있습니다. 부모가 가르치려 들기 때문이지요. 부모가 수학 공부를 하는 목적은 아이가 더 높고 넓은 세계를 볼 수 있게 도와주려는 것입니다. 이 의도를 벗어나 아이를 가르치려 한다면 공부를 하지 않는 게 낫습니다. 많이 아는 것이 꼭 유리한 것은 아니지요.

첫 번째 방법으로 점검만 해줘도 스스로 깊이 있는 공부를 해내는 아이가 있을 수 있고, 두 번째 방법으로 도와줘도 여전히 수학을 어려워할 수 있습니다. 이는 아이의 자기주도적 학습 습관 형성 여부에 달려 있습니다.

**아이에게 수준 높은 질문을 던지려면 부모가 수학의
계통과 연결 상태, 교양 지식을 습득하고 있어야 한다**

수학을 공부해서 전체적인 윤곽을 파악한 부모는 아이의 설명을 들으면서 아이의 현재 이해 상태를 넓혀주거나 높여주는 질문을 할 수 있습니다. 물론 처음에는 쉽지 않겠지만 질문을 고민하다 보면 어느 날 한두 개씩 성공하기 시작할 것입니다.

유치원 자녀와 함께 수학 공부를 한 대구교대 김진호 교수는 다음과 같이 말합니다.

질문을 던질 때 수 세기에 관련된 질문에만 초점을 맞출 것인지, 수 세기와 관련된 다른 수학적 개념들로 질문을 확장해갈 것인지, 얼마나 오랫동안 수학 학습을 진행할 것인지 등은 모두 자녀의 반응과 부모의 자녀 수학 학습사에 대한 이해에 달렸다.

여기서 자녀 수학 학습사는 앞에 설명한 점검 노트 내용이라고 보면 됩니다. 아이의 수학 학습 상태를 점검하는 내용을 기록하다 보면 그것이 역사가 되고, 그 내용을 토대로 아이의 상태가 제대로 파악되기 때문에 아이의 반응에 따른 질문을 던지는 데 용이하다는 것이지요.

그런데 아이의 수학적 사고를 높이는 질문을 하려면 수학의 기본적인 흐름과 연결 상태를 파악하고 있어야 합니다. 초등학교와 중학교 수학은 물론 고등학교 수학까지, 수학의 계통과 연결 상태를 꿰고 있어야 아이에게 지금보다 앞으로 나아갈 길을 제안할 수 있습니다. 그래서 어떤 과제를 해냈을 때 칭찬과 더불어 한 발짝 더 나아갈 수 있는 제안으로 아이의 도전정신을 불러일으킨다면 부모로서 더할 나위 없는 조언자이자 후원자의 역할을 감당하게 되는 셈이죠.

수학에 대해 어느 정도의 교양적인 지식을 습득하게 되면 부모 자신의 교양이 늘어나는 것은 물론 보다 깊이 있는 질문이 가능해집니다. 동시에 수학 학습의 본이 되므로 아이가 수학에 대해 부정적인 태도나 거부감을 갖게 되는 걸 막을 수 있을 것입니다.

결론적으로 부모가 수준 높은 질문으로 아이의 수학적 사고력 향상을 도모하려면 수학의 흐름과 계통을 이해하고 있어야 함은 물론 수학적 교양 지식을 습득할 필요도 있습니다. 요즘에는 시중에 수학 교양서가 넘쳐나므로 비교적 쉽게 찾아 읽을 수 있을 것입니다.

수학 대화의 성공 여부는
자녀와의 관계에 달려 있습니다

 포기하기 전에, 하루빨리 시작한다

수학이 어렵다고 포기하는 학생이 늘어난다는 조사결과가 많이 나오고 있습니다. 초등 고학년이 되면 조금 어려워하기도 하지만 그래도 초등학생 중에는 수학을 포기하는 아이들이 많지 않습니다. 그런데 중학생이 되면 상당수 아이들이 수학을 포기한다고 합니다. 포기하고 나면 이후에 다시 회복하는 것이 얼마나 어려운지는 겪어본 사람들만 알 것입니다.

그래서 어렸을 때부터 부모가 아이의 수학 학습 상태를 점검하는 것이 필요합니다. 초등학생들은 부모가 개념 이해 상태를 점검하는 것을 거의 거부하지 않습니다. 문제는 중학생입니다. 가정의 위기는 중학교 1학년 때 옵니다. 4월 말에서 5월 초에 보는 1학년 1학기 중간고사 수학 점수를 보고 나면 아이나 부모 모두 '멘붕' 상태가 됩니다. 이 시기가 가장 어렵습니다. 그래서 부모가 아이를 도와주려고 하지만 사춘기 중학생과는 대화가 쉽지 않습니다. 요즘에는 5학년만 돼도 힘들다고 합니다. 어떻게 도와줄 수 있을까요? 진심을 가지고 설득해야 합니다. 진심을 다할 수 있다면 중학생도 가능합니다.

> 체험 TALK 초등학교 저학년 때부터 엄마에게 설명하는 습관을 키워주었다면 참 좋았을 텐데, 이미 5학년이 되니까 엄마에게 설명하는 것을 귀찮아하며 혼자 하겠다고 방으로 들어가 버립니다. 시작만 하면 한 달 내로 습관이 든다는데, 한 달을 포기하지 않고 꾸준히 하는 것이 관건인 듯합니다. – 초5 학부모

 23 관계 형성이 우선이다

초등학교 고학년부터 중학생까지를 사춘기라고 볼 때 부모가 이 시기에 아이 수학 공부에 관여하는 일은 쉽지 않습니다. 아이가 거부할 가

능성도 많습니다. 그래서 부모는 아이들과 관계를 잘 형성해놓아야 합니다. 아이가 어떤 식으로 사춘기를 보내더라도 최대한 포용해줄 필요가 있습니다.

초등 시절에 호랑이맘이나 헬리콥터맘이었다면 아이가 고학년 또는 중학생이 되면서부터 아이와 많이 부딪힐 것입니다. 그래서 수학 학습을 점검하는 일 자체가 불가능할 수도 있습니다. 아이의 수학 학습을 위해서라면 아이와 항상 정서적인 관계를 잘 유지하는 스칸디맘이 되어야 합니다.* 이미 관계가 틀어졌다면 원만한 관계를 회복하는 것이 먼저입니다.

> **체험 TALK**
>
> 올해 중학생이 된 아들이 스스로 잘할 수 있을지 정말 불안했어요. 수학 학원에 보낼까 하는 생각도 수없이 해보았습니다. 그러다가 공부를 시키려면 먼저 아이를 이해하고 아이와의 관계를 회복하는 게 더 중요하다는 사실을 알게 되었습니다. 그래서 아이에게 지식을 가르치기보다 그걸 설명할 수 있는 기회를 주고자 시도해보았습니다. 처음에는 치밀어 오르는 화를 꾹꾹 눌러야 했지만 걱정과 달리 아이와의 관계도, 수학 공부도 한결 안정되고 평화로워졌습니다. – 중1 학부모

---

* 호랑이맘은 주입식 교육을 하는 엄마를 말합니다. 무섭고 엄격하게 마련이지요. 헬리콥터맘은 아이 주변을 헬리콥터처럼 빙빙 도는 엄마, 스칸디맘은 교육에 올인 하는 대신 아이들과의 문화적·정서적 공감을 중시하는 유형입니다.

부모와 대화할 시간이 없어도
표현학습은 계속되어야 합니다

 부모의 도움 없이도 표현학습은 가능하다

여러 가지 이유로 부모가 아이의 설명을 들어줄 시간적 여유가 없을 때도 표현학습은 지속되어야 합니다. 아이가 혼자 공부하는 과정에서 표현학습을 할 수 있는 방법이 있습니다. 그리고 이 방법은 습관화될 수 있습니다.

가장 좋은 방법은 이웃집 또래 친구를 사귀는 것입니다. 그래서 서로 설명하고 들어주는 관계를 번갈아 하면 됩니다. 아이들끼리 하는 것이 불안하면 가끔씩 부모가 도와줄 수 있습니다. 그렇지만 매일 그렇게 할 수 없는 환경이면 아이들끼리 습관화하도록 유도하면 됩니다. 친구와 이런 표현학습을 할 수 있는 관계가 형성되면 부모가 도와주는 것보다 더 효율적일 수도 있습니다.

이웃에서 친구 사귀는 것이 어렵다면 형제자매를 이용할 수 있습니다. 서로 들어주기만 하는 것이니 학년 차이가 나도 가능합니다. 또 형이나 누나가 동생에게 설명하는 동안 동생에게는 저절로 선행학습이 이루어집니다. 억지로 시켜서 하는 것도 아니고 공식암기학습도 아니어서 동생이 스스로 이해하는 한 도움이 될 것입니다. 반대로 동생이 설명하는 동안 형과 누나는 과거의 개념을 강화하고 반복하게 됩니다. 따라서 이 방법도 잘만 이용하면 부모가 도와줄 때보다 효과적일 수 있습니다.

어떤 학생은 부모나 형제 그리고 친구의 도움이 없는 상태에서 묘책을 찾아냈습니다. 그것은 반려동물을 이용한 방법입니다. 화이트보드 앞에 반려동물을 앉혀놓고 설명을 하는 겁니다. 반려동물도 습관이 되면 얌전하게 앉아 설명을 들어줍니다. 중요한 것은 설명하고 표현하는 시간이 필요하다는 것입니다. 누가 들어주느냐 하는 것은 문제가 되지 않을 수 있습니다.

반려동물도 없다면 혼자서 약간 큰 소리로 말하며 공부하는 것도 그냥 조용히 문제를 푸는 것보다 효과적입니다. 말을 하려면 그 전에 생각을 해야 하고, 생각이 정리되어야 정확히 말할 수 있습니다.

아이를 도와줄 형편이 안 되는 부모는 아이에게 진정 도움이 되는 사교육 기관을 찾아야 한다

여러 가지 형편상 아이를 도와줄 시간을 낼 수 없는 부모는 어떻게 하면 좋을까요? 앞에서 언급한 대로 아이 혼자 설명하게 하는 방법이 있습니다. 반려동물을 앞에 놓고 설명하는 예도 들었습니다. 또한 또래 친구나 형제자매와 함께 하는 경우도 소개했고요.

그러나 아이가 도저히 혼자서 할 수 없다고 판단되는 경우에는 최소한으로 남의 도움을 받아야겠지요. 사교육에 맡길 때는 그냥 알아서 도와달라고 하기보다 뭔가 구체적인 도움을 요청해야 합니다.

강의식으로 진도를 마냥 나가는 경우는 아이의 상태를 더 악화시킬 수 있으니 아이의 상태를 뒤쫓아 가면서 돌봐주는 곳을 찾는 것이 좋습니다. 또한 장기적인 안목에서 아이의 자기주도적인 학습 습관을 키워줄 수 있는 곳을 찾아야 합니다. 요즘은 사교육 기관이 과거와 달리 선행학습 위주로만 운영되지 않고 복습을 위주로 하는 반이나 자기주도적 학습 습관을 키워주는 반을 두고 있는 경우가 있습니다. 동네에서 잘 찾아보고 상담을 충분히 거친 후에 아이를 맡길 것을 권합니다.

부모가 돌봐주지 못하더라도 이 책에서 말하는 학습법을 최대한 따라가는 기관을 찾아보세요. 아이에게 자기주도적 학습 습관이 생겨서 스스로 독립할 수 있는 상황이 되면 남의 도움을 끊을 계획으로 보내기 바랍니다.

　사교육을 운영하는 사람들의 말을 들어보면 수학 선행학습을 요구하면서 무턱대고 잘나가는 옆집 아이와 같은 진도여야 한다고 떼를 쓰는 부모가 많다고 합니다. 예를 들어 고등학교 1학년이어서 수학I을 시작했는데, 옆집 아이가 실력이 충분하여 수학II로 올라가면 다짜고짜 찾아와 항의를 한다는 것입니다. 아이를 왜 사교육에 맡기는지 이해되지 않는 부모들입니다. 아이의 학습을 진정 도우려는 마음이 있기나 한지 모르겠습니다.

30분 수학 26　부모 동호회를 결성하여 보다 지속적으로 실천한다

　부모들이 '하루 30분 수학'을 실천하여 성공하기까지의 과정이 순탄할 수만은 없습니다. 막상 마음을 다잡고 진행하면서도 시험 성적이 나오면 흔들리게 되고, 가정사가 자식 키우는 일만인 것도 아니어서 여러 가지 집안 사정과 분위기에 따라 아이 수학 공부는 뒷전으로 밀려나기도 하지요. 자기주도적 학습에 대한 철학과 신념이 정확하게 세워져 있지 않으면 계속 흔들리게 되어 있습니다.

　이때 가장 손쉽게 버티면서 성공할 수 있는 비결은 주위에 비슷한 고민을 하는 부모와 교류하는 것입니다. 자녀가 같은 학년이거나 비슷하면 더 효과적일 수 있지만 꼭 그런 것만은 아니어서 초등학생와 중학생

부모가 같이 활동하는 것도 권장합니다. 중학교 아이의 상황을 보면서 미래를 예측할 수 있어 초등 부모에게 더 큰 도움이 되지요. 둘 중 이익을 보는 쪽은 초등 자녀를 둔 쪽일 가능성이 많으므로 초등 부모가 더욱 적극적으로 활동에 참여하면서 중등 부모들을 돕는 분위기가 형성되면 보다 원활하게 운영될 수 있습니다. 아이가 함께하면 더욱 효과적이지요. 혹시 누가 하루 빠지는 경우에 매일 점검이 가능하다는 점도 장점이 됩니다.

하루 30분 수학
실천 단계

'하루 30분 수학' 실천표

시간	부모	아이
00:00~02:00 자리 정돈하기	• 아이의 교과서나 문제집을 넘겨본다.	• 차분하게 그날 공부한 것을 설명할 준비를 한다.
02:00~10:00 개념 체크하기	• 그날 배운 개념을 묻고 설명을 들어준다(기본). • 설명을 개념적으로 하는지에 관심을 가진다. • 다른 개념으로 확장 가능한 질문을 던질 궁리를 한다(선택).	• 머릿속에 든 수학 개념을 설명한다. • 교과서를 보지 않고 자기 나름의 소화된 언어로 설명한다. • 그날의 개념이 이전의 어떤 개념과 어떻게 연결되는지 설명한다.
10:00~25:00 문제 풀이 확인하기	• 그날 푼 문제를 다시 풀어보게 한다. • 개념 설명이 제대로 되는지에 집중한다.	• 빈 노트나 화이트보드에 풀이를 한 줄 한 줄 설명한다. • '설명 먼저, 필기 나중'이라는 원칙을 지킨다. • 가급적 이유를 정확히 설명한다.
25:00~30:00 마무리하기	• 설명이 미진한 개념과 문제를 개념 점검 노트에 기록한다.	• 설명하지 못한 개념이나 문제를 체크하고 복습을 준비한다.

※ 이 표는 예시이므로 무리하게 적용하기보다 그날그날의 상황에 맞춰 자유롭게 변형할 수 있습니다.

3부
성적이 쑥쑥 오르는 수학 학습법

CONTENTS

부모의 도움은 일시적이어야 합니다. 모든 학습은 아이가 스스로 해야 합니다. 바른 학습 습관은 그래서 중요합니다. 초등학교 때부터 이 습관이 제대로 갖춰져 있어야 중·고등학교 수학을 보다 원활하게 정복할 수 있습니다. 적어도 고등학교 입학 전까지는 확실히 자기주도 수학 개념학습법을 다져야 합니다. 늦더라도 중3까지는 습관을 들여놓아야 고등학교 수학을 이해할 수 있습니다. 지금부터 부모가 아이의 자기주도적 수학 학습 습관을 잡아줄 수 있는 방안을 제시합니다.

수학을 공부하는 이유를 알아야 아이들도 수학을 배우려 듭니다

 수학 공부, 개념학습과 자기주도학습이 정답이다

학생들을 보면 다른 과목에 비해 수학 공부에 들이는 시간이 상당히 많습니다. 수학을 가장 열심히 그리고 많이 공부합니다. 그러나 효과는 별로입니다. 왜일까요?

새로운 개념을 접했을 때 이해가 잘 안 되면 시간을 들여 천천히 공부해야 하는데도 다들 무조건적으로 암기해버립니다. 그것을 문제 풀이에 적용해보면 간단한 문제들은 풀리니까 이해했다고 착각한 채 넘어갑니다. 어떤 개념들은 문제를 풀면서 이해되기도 하지만 대부분은 문제를 통해서 이해되지 않습니다. 앞에서도 언급했듯이 개념을 충분히 이해하기 전에 문제를 풀면 공식암기학습이 이루어질 수밖에 없어서 이후 개념을 제대로 이해하는 데 방해가 될 수도 있습니다.

수학 개념을 대충 이해하는 방법으로는 자기주도적인 학습 습관이 형성되지 않습니다. 모든 수학 개념을 자기 스스로 구성하겠다는 구성주의 학습법만이 가장 빨리 자기주도적인 학습 습관을 형성하게 합니다. 이 말을 이해하지 못하는 사람은 없습니다. 이론적으로는 알지요. 그러나 실제로는 이렇게 하지 않습니다.

내비게이션을 사용하게 되면서 사람들은 점차 지리를 찾는 능력을 잃어가고 있습니다. 그걸 알면서도 계속 내비게이션을 사용하지요. 필요할 때 언제나 이용할 수 있기 때문입니다. 하지만 수학시험문제를 풀 때는 내비게이션에 해당하는 선생님의 설명을 들을 수 없습니다. 잘된 풀이집을 펴놓고 볼 수도 없기 때문에 철저히 자기주도적 학습이 이루어져야 합니다.

30분수학 28 연산은 속도보다 정확도다

초등수학에서 최고의 관건은 수와 연산 영역입니다. 그러나 연산 영역은 중학교나 고등학교로 갈수록 줄어들고, 초등 연산의 상당수는 중·

고등학교에서 사용되지 않습니다. 그래서 연산은 초등에서만 특히 문제가 되는 영역이지요. 이번 2009 개정 교육과정에서도 네 자리 수의 덧셈과 뺄셈이 연산 교육에서 삭제되었습니다. 별다른 수학적 사고를 요하지 않는 단순 반복 계산 학습을 줄이겠다는 의도입니다.

부모들이 가장 많이 하는 질문은 과연 연산을 '얼마나?' '어떻게?'입니다. 인터넷에서 흔히 보는 고등학생 자녀를 둔 부모 얘기 중 이런 게 있습니다. '수능에서 수학 문제 30개를 100분에 풀어야 하는데 계산이 느려서 다섯 개는 손도 못 대고 막판에 그냥 찍었다더라.' 그리고 초등 때 연산 연습 안 시킨 걸 후회하지요.

하지만 수능시험을 감독하다 보면 그 이유를 알 수 있습니다. 아이들은 시험지를 받고 쉬운 문제는 바로 풉니다. 조금 난이도 있는 문제가 나오면 한동안 아무런 활동 없이 가만히 생각하지요. 문제가 이해되지 않기 때문입니다. 그래서 이해하고 이리저리 생각하느라 시간을 더 허비합니다. 그냥 아무렇게나 계산해버리기도 하고요.

이해가 되지 않아 가만히 있자니 자신에게 화가 나고, 그래서 스스로 보상받고 싶은 심정에 뭔가를 막 계산하지만 문제를 푸는 것과는 거리가 먼 경우가 많습니다. 혹시나 이런저런 계산 중간에 답이 나오지 않을까 하지만 가도 가도 답은 나오지 않지요. 우연히 다섯 개 보기 중 하나와 같은 답이 나오면 그걸로 찍어보겠지만, 당연히 답이 아닐 가능성이 80퍼센트입니다.

수능 문제에는 복잡한 계산이 거의 없습니다. 계산능력이 부족해서 시간이 걸리는 게 아니라 사고력이 부족해서 문제가 이해되지 않는 것입니다. 수학 하는 사람, 즉 수능 출제위원은 복잡한 계산을 싫어합니다. 따라서 수능 문제는 거의 복잡한 계산을 요하지 않습니다. 하지만 고도의 사고력을 요하는 문제는 얼마든지 있지요. 수능 출제위원은 바로 고도의 사고력을 필요로 하는 문제를 좋아하는 사람들인 것입니다.

따라서 초등 때 키워야 할 것은 빠른 연산능력이 아니라 정확한 연산능력입니다. 연산은 문제를 다양한 방법으로 해결하는 아이디어를 만들어보는 도구이기 때문입니다. 그러므로 많은 문제를 단순 반복하는 것보다 한 문제를 다양한 방법으로 해결하는 습관이 더 중요합니다.

최근 초등수학 교과서의 개편 방향을 보면 가장 많이 달라진 부분이 연산 영역입니다. 과거에는 연산의 숙달이 목표였다면 지금은 연산을 통해서도 수학적 사고력을 키울 수 있다는 생각이 지배적입니다. 그래서 여러 가지 방법으로 연산을 하고, 그 방법을 설명하고 표현하는 학습이 많이 나옵니다. 계산을 빠르고 정확하게 하는 세로셈에 익숙한 교사나 부모가 보면 쓸데없는 것처럼 보이지요. 다양한 방법보다는 빠른 속도로 정확하게 답을 구하는 것이 연산 교육의 목적이라고 배운 세대니까요.

연산은 수학의 학습 목표로는 그리 큰 비중을 차지할 수 없습니다. 그보다 연산 과정에서도 수학적 사고력을 키워야 한다는 것이 연산 교육의 중점이 되어야 합니다. 다양한 방법을 경험하는 것은 모든 수학 학습에서 필요한 부분이며, 이를 통해서 사고력을 키울 수 있습니다. 연산을 다양하게 하는 방법을 고안하는 과정에서 사고의 다양성을 이해하게 되어 다양하게 사고하는 것을 습관화하게 될 것입니다.

30분 수학 29 수학 학습의 목표는 사고력 향상이다

생각하는 것을 싫어하는 아이들이 많아지고 있습니다. 수학 문제의 결과에 대해서 이유를 물으면 묻는 그 자체를 귀찮아하면서 생각하는 것의 필요성을 전혀 느끼지 못하는 아이들이 의외로 많습니다. 이런 아이들의 과거 학습 습관을 뒤쫓아 가보면 어렸을 때 부모가 과도하게 연산 연습을 시켰다는 공통점을 발견할 수 있습니다. 주로 결과만 빨리 도출하고 그 이유를 묻지 않는 공식암기학습이 지속된 탓입니다.

빠르고 정확한 계산이 목표라면 연산은 집에서 가르쳐도 되겠지요. 굳이 수학 시간에 가르칠 필요가 없습니다. 연산을 수학 영역으로 둘 이유도 없지요. 수학은 결과를 얻기 위한 과목이 아닙니다. 수학은 논리적 사고력을 키우기 위한 과목입니다. 모든 과목이 논리적 사고력 향상을 목표로 하지만 가장 효율적으로 그 목적을 달성할 수 있는 과목이 수학입니다.

학생들이 수학을 싫어하는 가장 큰 이유는 수학이 어려운 탓도 있지만 수학의 필요성을 느끼지 못하기 때문입니다. 달지도 않고 구미도 당기지 않는 약을 돈 주고라도 사서 먹는 이유는 그 약이 지금 내 아픈 문제를 해결해주고 내 건강에 유익하다는 것을 알기 때문입니다. 공부할 게 많고 내용이 어렵더라도 그것을 공부하여 뭔가 나에게 이득이 생긴다는 확신이 있으면 아이들이 수학을 싫어하지 않을 것입니다.

21세기 정보화사회는 창의적인 인재를 원합니다. 지식이 필요하던 시대는 지나갔습니다. 지식은 인터넷에 넘쳐나고 누구나 쉽게 접할 수 있는 것이 되었습니다. '지식의 홍수'라는 말에서 느낄 수 있듯이 이제는 어느 것이 좋은 지식인지 구별할 줄 알고, 새로운 정보를 구성하는 능력을 갖춰야 합니다. 이 과정에서 필요한 것이 논리적 구성능력과 창의성입니다.

논리적 구성능력과 창의성을 키우는 방법에는 여러 경로가 있겠지만 그중 가장 간편한 방법이 수학을 공부하는 것입니다. 수학은 문제 하나에 이 모든 능력을 발휘해야 하는 상황을 만들 수 있는 유일한 과목입니다. 수학은 연관성 있는 여러 개념을 한 문제 속에 간단히 두세 줄로 적어 넣을 수 있고, 전혀 무관해 보이는 여러 개념을 엮어 전혀 새로운 결과를 만들어내야 하기 때문에 논리적 구성능력뿐만 아니라 창의성도 요구됩니다. 수학 문제 하나를 풀면서 창의성을 발휘할 수 있는 경험을 쌓아가는 것이 궁극적으로 본인의 장래에 꼭 필요하다는 것을 확신한다면 아이들은 수학을 싫어하지 않을 것입니다.

그런데 무작정 진도만 많이 나가는 방식으로 수학을 공부하면 수학 공부의 이러한 목적이나 필요성을 느낄 수가 없습니다. 수학적 사고력, 논리적 구성능력, 창의성은 한 문제를 깊이 있고 다양하게 공부하면서 생겨납니다. 수학 내용이 중요한 게 아니라 수학 내용을 도구 삼아 이런 능력을 키워나가는 것이 수학 학습의 가장 중요한 목적입니다.

수학을 효과적으로 공부한 사람은 성인이 되면 수학 문제를 푸는 상황이 아니어도 수학 문제를 풀면서 경험한 사고력과 논리적 구성능력, 창의적 문제해결능력이 항상 발휘되어 누구보다도 경쟁력 있게 창의적인 아이디어를 낼 수 있습니다. 수학에서 경험한 이런 훈련은 궁극적으로 미래 사회에 필요한 창의적인 인재를 육성하기 위한 목적에 가장 부합하는 것입니다.

수학을 공부하는 방법은 오직 하나, 자기주도학습뿐입니다

 수학에서 자기주도학습은 아무리 강조해도 지나치지 않다

소위 수포자, 즉 수학을 포기하는 학생이 발생하는 것은 수학이 어려워서가 아니라 수학이 싫어서입니다. 따라서 아이들이 수학을 싫어하지 않게 하는 것이 가장 중요합니다.

사교육을 시키지 않고 수학 공부를 강제하지 않는 분위기에서 늘 100점을 받는 초등 고학년 학생이 있었는데, 부모님 말로는 학생이 수학을 너무 싫어한다고 하더군요. 수학을 싫어하는 상태로 중학교에 올라가면 초등학교 때 수학 점수가 아무리 높았어도 언젠가 문자 사용이나 함수 개념에서 어려움을 겪게 되지요. 아니면 중학교까지는 잘한다 하더라도 공부할 양이 급격히 늘어나는 고등학교 수학에서 어느 한순간 소홀히 하면 수학을 포기하게 되는 일이 발생하지요. 학교 내신 점수가 아무리 높아도 그게 자기주도적인 개념학습의 결과가 아니라 많은 양의 문제 풀이 연습에 의한 것이라면 언젠가 수포자 대열에 낄 가능성이 큽니다. 절대 다수가 학원에 다니면서 선행학습을 했음에도 고3의 수능 평균은 30점대에 머무르고 있습니다.

반면 초등학교 수학 개념에 심각한 결손이 없고, 수학적 사고력이 보통 이상이면서 수학을 싫어하지 않은 아이라면 비록 초등 수학 점수가 만족스럽지 않았더라도 중학교에서 수학 성적이 상승함은 물론 고등학교까지 상승세를 이어가는 경우도 많이 보았습니다. 따라서 초등학교 때는 맹목적으로 선행하여 학습하기보다 교과서를 중심으로 충분히 수학의 바다에서 헤엄치며 탐색할 수 있어야 합니다. 그나마 초등의 시기는 중·고등에 비하면 시간적 여유가 있으니까요. 이렇게 초등에서는 철저한 자기주도학습 습관이 몸에 배야 합니다. 이를 위해서는 부모나 가정환경이 철저히 구성주의 교육철학 중심이어야 합니다. 수학 학습동기가 철저히 아이의 일상생활에서 시작되어야 하며, 아이 학습 속도에 맞춰 부모가 배려하고 도와주는 환경에서 아이는 자기 방식의 학습 습관을 키우고, 학습에 대해 책임감을 지니게 될 것입니다.

수학을 공부하는 방법, 즉 수학 학습법은 사람마다 말하는 것이 다르고 다양합니다. 쉬운 과목이 아니기 때문에 공부하는 방법 또한 다양할 수밖에 없을 것입니다. 하지만 수학을 공부하는 방법은 시대와 입시제도를 초월하여 하나밖에 없다고 생각합니다. 본고사 수학을 공부하던 옛날이나 수능이나 수리 논술로 대학을 가는 요즘이나 수학을 공부하는 방법은 오직 하나뿐입니다. 자기주도적 학습입니다.

자기주도적 학습은 아무리 강조해도 수학 학습에서는 절대 지나치지 않습니다. 교육철학으로 말하면 구성주의입니다. 수학 학습은 구성주의 교육철학하에서 가장 잘 이루어집니다. 학생들이 스스로 그리고 자기들끼리의 상호작용과 의사소통과정을 통해 공부해나갈 때 수학 학습은 가장 효율적으로 이루어집니다.

30분수학 31 성취감과 자존감, 스스로 하는 공부!

지식은 남에게 배우는 것이 아니라 스스로의 인지과정을 통해 구성해가는 것입니다. 이것이 구성주의 철학의 핵심입니다. 구성주의에서 학습은 말 그대로 자기주도적이어야 합니다. 그러므로 아이들은 자기주도적인 학습 습관을 형성해야 합니다. 아이들이 스스로 배워야 하는 것입니다. 부모가 눈앞의 점수에 연연해 쉽게 정답을 알려주기보다 아이 스스로 고민해서 문제를 해결하도록 꾸준히 도와주면 언젠가는 아이가 그런 학습 습관을 갖게 됩니다.

남한산초등학교에서 구성주의 학습 습관을 배운 학생들은 그 이후 삶과 공부 또한 자기주도적으로 해내고 있었습니다. 2009년 9월 22일 MBC 〈PD수첩〉에서는 '행복을 배우는 작은 학교들'이 방영되었습니다. 남한산초등학교에서 6년간 자기주도적 학습 습관을 체득한 아이들은 이후 중학교와 고등학교에서 사교육과 선행학습을 하지 않고도 성공적으로 학업을 영위해나가고 있었습니다. 남한산초등학교 출신 학생들은 중학교나 고등학교에 가서도 수업시간에 질문을 많이 하는 것으로 유명하더군요. 다른 친구들이 질문을 하지 않는 것에 대해서는 알고 싶은 욕구가 없는 수동적인 학습 습관 때문이라고 하더라고요.

구성주의 학습 습관의 가장 큰 결과는 장래의 진로를 초등 때 정하게 된다는 점입니다. 이후 수정되더라도 진로가 결정되면 학습동기가 분명해지기 때문에 공부를 하는 목적 또한 분명해집니다. 자연히 중학생이 되어서도 학습에 대한 자기주도성은 물론이고 집중력이 강해지는 것을 볼 수 있습니다. 그리하여 구성주의에 입각한 자기주도적 학습 습관을 가진 아이들은 매 순간 "내가 스스로 해냈다!"는 탄성을 지르며 공부합니다. 상상을 초월할 정도로 집중력을 발휘하며 몰입의 경지를 자주 경험하는 것입니다. 탄성과 감탄으로 성취감과 자존감을 느끼며 집중력을 발휘하는 공부방법을 이길 수 있는 비결은 없습니다.

많은 부모들이 질문합니다.

문제집은 1년에 몇 권을 풀어야 하나요? 사고력 문제집을 풀어야 하나요? 심화문제집은요?

수학 과목에만 국한되는 질문은 아닐 것입니다. 그리고 어느 과목이든 전문가에게 물어보면 공부에서 기본은 문제집의 권수가 아니라 공부하는 방법과 습관이라고 대답할 것입니다. 결론적으로 말하면 자기주도적인 학습 습관과 철저한 개념 이해가 학습의 가장 중요한 두 가지 축입니다.

많은 아이들과 부모들이 교과서를 중시하지 않습니다. 거듭 강조하지만 교과서보다 개념을 정확하고 적절하게 설명한 책은 없습니다. 적절하다는 것에 대하여 다소의 지적이 없는 것은 아니지만 교과서는 그래도 아이의 인지 발달 수준을 가장 잘 고려하여 만든 자료입니다. 교과서를 대체할 수 있는 것은 수학사전입니다. 단 한 권에 6년간 배우는 개념이 나름의 순서대로 정리되어 있으므로 교과서를 대체하는 것이 가능합니다.

교과서로 개념을 학습한 후에 초등에서는 익힘책으로 연습을 하게되고, 중등에서는 익힘책 대신 교과서에 단원 연습문제가 다양하게 주어집니다. 기본적으로 이 두 가지를 정확하게 학습해서 기초를 튼튼히 해야 합니다. 교과서의 개념을 충분하게 이해하고 그 바탕 위에서 익힘책이나 단원 연습문제를 자기주도적으로 해결할 수 있을 때 수학의 기초는 튼튼해집니다.

만약 더 공부할 시간이 주어진다면 문제집을 한 권 정해서 여러 번 풀어볼 것을 권합니다. 문제는 많이 풀어보는 것보다 한 문제라도 정확하고 깊이 있게 푸는 것이 효과적입니다.

30분수학 33 문제집은 한 권을 여러 번 본다

문제집을 푸는 방법으로는 크게 두 가지를 생각할 수 있겠지요. 한 문제집을 여러 번 보는 방법과 여러 문제집을 한 번씩 보는 방법입니다. 장단점이 있겠지만 장기적인 측면에서는 한 문제집을 여러 번 보는 것이 잠재능력과 창의성을 키워줍니다. 그러나 단기적인 시험에서는 다양한 문제를 접하는 것이 더 효과적일 수 있습니다.

학교 시험을 준비하는 공부는 대부분 단기적일 수 있습니다. 1년에 네 번 보는 중간고사와 기말고사는 같은 간격이면 3개월마다 돌아오겠지만 방학 등을 빼고 나면 그 사이가 두 달밖에 안 됩니다. 그래서 학기 중에는 항상 바쁘고 쫓기는 느낌을 지울 수 없을 것입니다. 그렇더라도 잘 사용하기만 하면 두 달 동안에도 장기적인 공부를 할 수 있습니다. 특히 수학 공부가 시험을 앞두고 벼락치기로 가능한 게 아니라는 사실을 생각하면 수학 시험공부는 1년 사시사철 꾸준히 하는 것이 맞습니다. 그렇다면 공부방법 역시 단기전에 효율적이라고 생각되는 방법, 즉 여러 권의 문제집을 빨리 그리고 많이 푸는 방법은 수학에서 지양해야 하겠습니다.

결국 수학 공부는 한 문제집을 여러 번 보는 방법이 최고입니다. EBS에 출연한 많은 공신들도 일관성 있게 한 문제집을 여러 번 보는 방법을 권하고 있습니다. 언뜻 생각하면 두 번째부터는 처음 볼 때 해결하지 못한 문제만 다시 보는 것으로 생각할 수 있습니다. 그러므로 여러 번 보더라도 시간은 별로 걸리지 않을 것이라 생각하겠지요. 그러나 공신들은 이미 해결한 문제도 다시 풀었습니다. 왜냐고요? 다양한 풀이방법을 찾으려 했기 때문입니다. 처음에 해결한 방법과 다른 방법으로 해결하는 과정에서 더 많은 아이디어를 고민하게 되고, 다양한 생각 속에서 자신들의 사고력이 자라는 느낌을 갖게 되었다고 합니다.

바로 이 점이 중요합니다. 한 문제를 다양한 방법으로 해결하는 능력이 바로 사고력이고 잠재능력입니다. 창의성이라고도 합니다. 결국 다양한 풀이방법을 찾는 과정은 사회인으로서 가져야 할 사고력을 키우는 중요한 경험이 됩니다. 당장 대학에 가는 것뿐만 아니라 이 사회가 원하는 진정한 인재가 되는 데 있어서도 필요한 경험입니다.

한 문제집을 여러 번 보려면 문제집에 직접 풀면 안 되겠지요. 문제 푸는 노트를 따로 마련하여 자기만의 풀이를 잘 정리해가야 합니다. 두 번째 풀 때 처음 푼 풀이가 있어야 그 방법이 아닌 다른 방법을 고민할 수 있습니다. 이것이 바로 공부입니다. 뭔가를 스스로 해결하기 위해 생각하고 고민하는 것, 이것이 바로 공부지요. 어려운 문제집, 사고력 문제집, 심화문제집을 풀어야 사고가 자라는 것이 아니라 쉬운 문제라도 여러 가지 해결 방법을 고민할 수 있다면 그것이 사고력을 키우는 중요한 도구가 됩니다. 그러다 보면 인생에서도 어려운 문제에 닥쳤을 때 다각적인 방법으로 문제를 해결하려 시도하게 될 것입니다. 또한 다양한 방법으로 풀다 보면 수학 개념의 연결성을 발견할 수도 있게 될 것입니다.

 ## 수학 노트는 교과서용과 문제집용을 따로 쓴다

문제를 풀 때 책에다 바로 푸는 아이들이 많습니다. 노트 쓰기가 귀찮기 때문이지요. 수학 문제는 한 번 풀고 그냥 넘어갈 게 아니기 때문에 교과서나 문제집에 직접 푸는 습관은 바로잡아야 합니다. 수학 노트를 별도로 사용하도록 합시다.

만약 교과서와 익힘책 외에 문제집을 공부한다면 교과서와 익힘책 문제를 푸는 노트 한 권과 문제집 문제를 푸는 노트 한 권을 별도로 마련합니다. 수학 문제 풀이는 상당 부분이 수식이고, 수식은 노트 전체를 차지하지 않기 때문에 각 장을 반으로 접어 사용하는 것이 좋습니다. 반으로 접어 왼쪽 편에 풀이를 쓰고, 오른쪽은 두 번째 공부할 때 새로운 풀이나 아이디어를 기록하는 칸으로 사용합니다. 때로는 선생님의 설명을 추가로 기록할 수도 있겠지요.

아예 수학 노트라고 하여 이러한 방식으로 사용할 수 있도록 만들어져 판매되기도 합니다.

30분수학 35 : 심화문제집은 정답률 70%가 기준이다

심화문제란 어려운 문제를 뜻하지요. 그러므로 심화문제집은 어려운 문제가 많이 실려 있는 문제집이라고 할 수 있습니다. 심화문제집을 푸는 이유는 문제 푸는 기술보다도 아이의 사고력을 높이기 위해서입니다. 그렇다면 현재의 사고력에 도전이 될 만한 정도가 아이에게 맞는 수준입니다. 심화문제집에 있는 문제들이 아이의 사고 수준을 현저하게 뛰어넘으면 전혀 도움이 되지 않을 수 있습니다.

문제집을 풀어서 정답률이 50퍼센트 이하라면 그 문제집은 현재 아이 수준에서 벅차다는 뜻입니다. 조금 낮은 수준의 문제집으로 바꾸는 것이 좋은데, 보통 정답률이 70퍼센트 정도 되는 게 적당하다고 봅니다. 나머지 30퍼센트의 문제를 해결하는 데는 해답을 이용할 수 있습니다. 해답을 보지 않고 몇 번 더 풀어서 스스로 해결할 수 있는 능력을 최대한 키워주는 방향으로 이용하는 것이지요. 해답을 보고 풀면 결국 자기 것이 될 확률이 아주 낮습니다. 스스로 풀이를 찾으려 노력하는 과정에서 사고력은 자라나지요.

해답을 본 이후로는 풀이 과정을 그냥 외워서 풀게 되므로 대부분 공식암기학습만 이루어질 가능성이 큽니다. 개념적인 이해가 동반되지 않으면 문제 하나 푸는 것에 만족해야 하고, 그런 식의 공부는 아이를 탈진시킬 가능성이 있습니다. 공부를 할수록 힘이 나야 하는데 어려운 문제 풀이에 뇌를 다 사용해버리는 것입니다. 그럼 기본적인 사고력이 약해져서 나중에 아주 쉬운 문제마저도 놓칠 위험이 있습니다.

개념이 강한 공부, 개념의 연결성이 많아지는 공부는 뇌에 부담을 주지 않을 뿐더러 사고력도 키워주기 때문에 갈수록 학습하는 능력 또한 커집니다. 부족한 30퍼센트를 향한 노력이 곧 사고력을 키워주기에 적당하다는 얘기입니다.

모르는 문제가 반이 넘을 만큼 어려운 사고력 문제집을 푼다고 해서 사고력이 높아지는 게 절대 아닙니다. 모든 수학 문제는 그 푸는 방법을 익히기 위한 것이 아니라 푸는 과정에서 수학 개념을 강화시키기 위한 것입니다. 수학 개념은 자기주도적으로 익힐 때만 강해집니다. 조금 덜 어려운 문제로도 수학적 사고력은 얼마든지 자랄 수 있습니다.

자기주도성이
몰입하는 힘을 키웁니다

 자기주도성을 높이면 집중력과 몰입도가 높아진다

　요즘 아이들은 자기와 직접적인 관계가 없는 것에 적극성을 띠지 않습니다. 수업시간에 나오는 주제가 자기와 무관하면 참여하지 않지요. 그래서 교사는 어떻게든 동기를 유발하기 위해 실생활에서 여러 가지 학습요소를 끌어옵니다. 그러나 실생활이라는 미명 아래 교과서가 제시하고 있는 많은 수업 자료는 아이들의 호기심과 동기를 유발하지 못하고 있습니다. 왜일까요? 다음은 나눗셈을 배운 초등학생에게 주어진 문제입니다.

문제 어떤 부대에 군인이 790명 있다. 국군의 날 행사에 참여하기 위해 모두 군용버스에 태우려고 한다. 군용버스 한 대에 43명을 태울 수 있다고 할 때, 필요한 버스의 수를 구하시오.

아이들은 세로셈으로 나눗셈을 할 것입니다. 숫자가 크기 때문에 790에서 동수누가의 개념으로 계속 43씩 빼기보다는 표준적인 세로셈 알고리즘을 사용할 것입니다. 실제로 학생이 31명인 어느 반에서 이 문제를 냈더니 세로셈으로 나

$$
\begin{array}{r}
18 \cdots 16 \\
43\overline{)790} \\
43 \\
\hline
360 \\
344 \\
\hline
16
\end{array}
$$

뉘 몫 18과 나머지 16을 구한 아이가 18명이었다고 합니다. 이럴 경우 답은 몇일까요? 버스의 수이므로 19대라고 해야 합니다. 그런데 나눗셈까지는 제대로 했으면서 19대가 필요하다고 쓴 아이는 7명뿐이었습니다. 나머지는 대부분 그냥 몫은 18이고 나머지는 16이라고 썼습니다.

그런데 그 학교의 다른 반에서 똑같은 문제를 다음과 같이 냈습니다.

문제 어떤 학교에 학생이 790명 있다. 야외에서 사생대회를 하기 위해 모두 관광버스에 태우려고 한다. 관광버스 한 대에 43명을 태울 수 있다고 할 때, 필요한 버스의 수를 구하시오.

이 반 아이들도 세로셈으로 나누어 몫 18과 나머지 16을 구한 아이가

30명 중 16명이었습니다. 그런데 답을 19대라고 쓴 아이는 12명으로 늘었습니다. 왜 늘었을까요? 아이들이 경험하지 못한 군대 얘기보다는 학교 얘기가 더 친근하고, 군용버스보다는 관광버스가 익숙하기 때문이지요. 자기주도성이 높아진 탓입니다. 이처럼 실생활 문제라고 해도 정말 아이들의 생활 주변에서 일어나는 소재를 사용해야 할 것입니다. 그런데 이 문제도 아이들의 삶에 최대한 가까운 것은 아닙니다. 기왕 다음과 같이 바꿔보면 어떨까요?

문제 우리 학교 학생은 790명이다. 학생회에서는 이번에 다른 지역에서 열리는 어린이축제에 참여하기로 결정하고, 투표를 통해 교통수단으로 관광버스를 선택했다. 관광버스 한 대에 43명을 태울 수 있다고 할 때, 학생회 임원인 ○○는 버스를 몇 대 예약해야 하는지 구하시오.

이 정도의 관련성과 주도성을 가진 문제가 되면 정답률이 놀랍도록 높아질 것입니다. 군용버스 문제에서 제대로 계산해놓고도 답을 제대로 쓰지 못한 것은 공식암기학습의 결과입니다. 상황을 학교로 바꾸면 약간 나아지겠지만 그 학교가 자기 학교도 아니고, 또 학교에서 버스를 예약하는 문제는 아이들의 영역이 아니라 교사들의 영역이기 때문에 주도성이 충분하다고 할 수 없을 것입니다. 세 번째 버전은 행사 자체의 참여여부와 교통수단의 결정 주체가 학생들 자신이고, 버스를 예약하는 권한

과 책임 또한 학생에게 있기 때문에 아이들이 단순한 나눗셈 연산에서 벗어나 버스라는 특수한 상황에 보다 집중할 수 있을 것입니다. 이처럼 자기주도성은 학습에 대한 집중력과 몰입도를 높입니다.

> 긴 안목으로 엄마가 가져야 할 마음가짐과 지혜를 배웠습니다. 선생님 말씀이 맞습니다. 아이에게는 힘이 있습니다. 그걸 믿고 기다려주는 게 엄마의 역할이란 생각이 듭니다. 수학적 민감성, 개념, 표현력 등 중요한 것들을 기억하며 아이와 함께 제가 자라야겠습니다. – 초6 학부모

80점대여도 자기주도적이면 충분하다

중학생 학부모 두 분과 상담을 하는데 공교롭게도 두 분의 고민이 정반대였던 적이 있습니다. 한 분은 서울에서도 사교육 과열지구에 살고 있었지요.

우리 동네에서는 초등 4학년이면 누구나 수학 선행을 시작합니다. 그래서 중2 여름방학 때까지 고3 수학을 마칩니다. 그리고 중2 가을부터는 자기주도학습을 합니다. 지금 5월이니까 우리 아이는 고등학교 수학 중 '기하와 벡터' 한 과목만 남았고, 이것을 여름방학까지 마칠 예정입니다. 아이는 초등 때부터 지금까지 수학에서는

늘 100점을 받았고, 지금은 전교 1등을 하는 덕에 제가 전교어머니 회장을 맡고 있습니다.

이런 엄마가 무슨 고민이 있을까요? 앞으로 성적이 떨어지지는 않을까 하는 고민? 아니면 수학 성적을 지금과 같이 고3까지 유지하는 비결? 상담하고자 하는 내용을 물었습니다.

아이에게 장래 뭐가 되고 싶은지 물었습니다. 저는 아이가 수학을 잘하기 때문에 의사나 수학자가 되었으면 좋겠어요. 아이도 그걸 알고 있죠. 어려서부터 제가 계속 그렇게 말했으니까요. 그런데 갑자기 자기는 수학이 싫다는 거예요. 의사 안 하고 연예인이 되겠다고 해도 놀랄 일은 아닌데, 수학이 싫다고 하니 확 돌겠더라고요. 저한테 투자한 게 얼마인데… 본전 생각이 들더라고요.

저 또한 100점 맞는 아이 중 수학을 좋아하는 아이가 거의 없다는 것이 걱정입니다. 이때 100점이라는 점수는 순수한 실력이기보다 억지로 만들어진 경우가 많습니다. 혼자만의 내공으로 100점을 받았다면 그 아이는 절대로 수학을 싫어하지 않습니다. 그런데 시험문제를 푸는 기술적인 훈련을 강하게 받은 경우, 나아가 그런 강제 교육을 오랫동안 받았다면 수학에 대해 부정적인 인식을 가지게 되었을 것입니다.

이번에는 반대의 경우입니다. 중3 엄마입니다.

아이 수학 점수는 70점대에서 80점대 사이를 오갑니다. 걱정이 태산입니다. 성적은 반에서 중간 정도나 약간 위쪽이에요. 그런데 장래 희망이 수학자래요. 말이나 됩니까? 수학을 잘하지도 못하면서 무슨 수학자가 된다고… 그런데 수학이 제일 좋다네요. 공부할 것이 적어서 좋대요. 적게 공부하니 점수도 못 받으면서 말입니다.

귀가 번쩍 뜨였습니다. 수학자가 되고 싶다니요! 수학 공부를 어떤 방식으로 하는지 물었습니다.

문제 하나를 잡고 날이 새도록 풀어요. 시험이 닥쳐와도 시험 범위에 있는 내용을 다 공부하지 못해요. 그러니까 80점을 맞겠지요. 이번 중간고사 시험 범위가 50쪽 정도 됐어요. 공부하다가 30쪽에서 걸렸는지 그걸 붙잡고 그다음으로 넘어가지 않더라고요. 어느 날 방에 들어갔더니 30쪽이 펴져 있는데 그다음 날에도 30쪽이기에 제가 물었어요. "너 밤새 뭐했니? 딴짓했지!" 그랬더니 그게 해결이 안 돼서 공부중이라는 거예요. 시험이 일주일밖에 안 남았으니 건너뛰라고 했더니 이걸 모르면 그다음도 못한다고, 건너뛰면 안 된다면서 개똥철학을 고집하다가 기어이 70점을 맞아오는 거죠.

그래서 제가 그 엄마한테 그랬습니다. 엄마만 없으면 아이는 수학자가 될 거라고요. 이 아이는 수학을 좋아하고, 수학을 제대로 공부하는 방법을 알고 있으며, 수학자가 되는 것이 꿈이니까요. 이런 학습법을 그대로 유지하면 고등학교에 가서 성적이 많이 오를 것입니다. 이렇게 하면 수학에서 한 번 공부한 내용을 다시 공부할 필요가 없습니다.

문제가 안 풀릴 때는
개념부터 돌아보아야 합니다

 문제를 풀지 못하겠다면 개념을 다시 공부한다

　문제를 풀다 보면 걸리는 경우가 있습니다. 개념학습이 부족하여 풀지 못할 때는 개념을 다시 공부해야 합니다. 수학 개념학습에는 교과서가 최적입니다. 교과서의 해당 부분을 찾아 충분히 이해한 후 다시 문제에 도전합니다. 그렇게 개념을 이용하여 문제를 해결하는 습관을 들여야 합니다.

　수학 공부를 하는 데 있어 개념공부와 문제 풀이 공부가 별도인 학생이 있습니다. 이런 학생은 대개 개념에 대한 이해가 충분하지 못한 상태에 머무르는 경우가 많습니다. 개념이 충분히 이해됐다면 문제를 해결하는 데 저절로 개념을 적용할 텐데, 그렇지 못한 것으로 보아 개념에 대한 이해 상태가 부족하다는 것을 알 수 있습니다.

개념 여러 개를 적용하는 문제는 각 개념을 충분히 이해했더라도 개념들 사이의 연결성이 부족하면 풀리지 않습니다. 이런 경우는 문제를 한 번에 풀려 하지 말고 두세 번 더 기회를 가지면서 연결성을 연습하는 기회로 삼아야 합니다.

 초등수학이 부족한 채로 중학생이 되었다면 중학교 것을 공부하면서 초등수학의 필요한 부분만 익힌다

중학교 1학년이 되었는데 초등 고학년 시절에 수학을 소홀히 해 문제를 풀지 못하는 경우가 있습니다. 중1이 되기 전 겨울방학에 초등수학을 충분히 복습해야 했지만 중1 수학을 예습하느라 시간이 없었다면 초등 부족분을 어떻게 해결해야 할까요?

급한 마음에 다시 초등 책을 붙들고 전념하는 경우를 생각할 수 있습니다. 그러나 이렇게 하다가는 중학교 1학년 내용의 학습이 또 문제가 됩니다. 그러므로 이미 지난 초등수학에 전념하는 것은 지양해야 합니다.

중학교 1학년 내용 중에는 초등 개념을 기초로 하는 것도 있지만 그렇지 않은 것도 있습니다. 더구나 학교에서는 매일 진도를 나가고 시험도 계속되는데 그걸 무시하고 초등수학에만 전념하는 것은 악순환을 가져올 우려가 있습니다.

그러므로 중학교 1학년 것을 공부하다가 초등수학의 영향이 직접적인 내용이 나오면 그 순간에 필요한 것만 잠깐 초등 개념을 익힌 후에 곧바로 중등으로 돌아와 학습하는 것이 바람직합니다. 그리고 방학 때 그다음 학기 내용을 예습하는 대신 초등 개념을 충분히 복습하는 것에 우선순위를 두어야 합니다.

 학교 시험도 개념학습으로 대비한다

초등학교에서는 단원평가를 보고, 중학교에서는 중간고사와 기말고사를 주기적으로 봅니다. 학생들은 시험을 볼 때마다 계획을 세우게 되는데, 대부분 문제집 쪽수와 진도를 정하는 것이 보통입니다. 문제를 풀어보는 것은 시험을 대비하는 주요 방법 중 하나입니다. 하지만 문제를 풀기 전에 반드시 해야 할 일이 있습니다. 바로 개념학습입니다.

다시 반복하지만 개념에 대한 이해가 부족한 상태에서 문제를 풀면, 개념을 적용할 수가 없어 절차적인 공식만 찾게 됩니다. 공식을 외워 적용하면 문제는 풀리지만 개념은 갈수록 멀어지지요. 그러다 보면 공부하는 목적, 즉 개념에 대한 연결과 이해는 강화되지 않고 남는 것은 시험점수뿐입니다. 결국 시험 때마다 쫓기며 공부하면서도 남는 것은 하나도 없는 상태가 되지요.

 오늘 있을 수학 단원평가에 대비해 주말 동안 개념 정리를 하게 했습니다. 그간 제게 여러 번 개념 설명을 한 덕인지 대략 일곱 개 정도 되는 나눗셈의 개념 중 여섯 개를 책을 보지 않고 정리하더군요. 시험을 어떻게 봐올지는 모르겠지만 정말 알차게 공부했다는 사실을 잘 알기 때문에 "애썼어. 좋은 습관을 익히게 됐으니 갈수록 더 좋아질 거야!" 하고 진심으로 얘기해줄 생각입니다. 무엇보다 아이가 주도권을 갖고 공부하게 되어 아주 흡족합니다. – 초3 학부모

하루 30분 수학
평가 단계

'하루 30분 수학' 부모 체크리스트

아이의 개념학습 습관과 자기주도성을 길러주기 위해 부모로서 올바르게 노력하고 있는지 체크해봅시다. 해당 항목에 체크한 뒤 결과를 확인해보세요.

번호	질문	체크	
1	아이가 잘 모르는 부분은 가르쳐 준다.	그렇다 ☐	그렇지 않다 ☐
2	아이가 설명하다 틀리면 즉시 지적하고 고쳐 준다.	그렇다 ☐	그렇지 않다 ☐
3	아이가 설명을 잘 하지 못하면 속으로 화가 난다.	그렇다 ☐	그렇지 않다 ☐
4	아이가 설명하는 과정에서 잘 모르겠다고 하면서 도와달라고 하면 즉시 도와준다.	그렇다 ☐	그렇지 않다 ☐
5	중간고사나 기말고사 점수가 떨어지면 학원에 보내고 싶은 생각이 든다.	그렇다 ☐	그렇지 않다 ☐
6	방학 때만이라도 학원에 보내서 다음 학기 수학을 선행하도록 하고 싶다.	그렇다 ☐	그렇지 않다 ☐
7	시험점수를 높이려면 우선적으로 수학 공식을 암기하고 문제 푸는 연습을 많이 해야 한다고 생각한다.	그렇다 ☐	그렇지 않다 ☐
8	우리 아이는 타고난 수학적 능력이 부족해서 공부에 한계가 있다고 생각한다.	그렇다 ☐	그렇지 않다 ☐
9	옆집 아이의 수학 선행학습 상태를 들으면 불안하다.	그렇다 ☐	그렇지 않다 ☐
10	학원 광고지를 보면 보내고 싶은 마음이 굴뚝같다.	그렇다 ☐	그렇지 않다 ☐

해설

▶ '그렇다'가 0~2개

부모 역할을 매우 훌륭하게 수행하고 있습니다. '그렇다'가 0개가 될 때까지 더 노력해보기 바랍니다. 이런 상태를 유지하면 아이와의 관계가 원만해질 것이고, 아이가 스스로 공부하도록 기다려주면 언젠가 자기주도적인 학습 습관을 갖게 될 것입니다. 그리고 수학 학습방법이 개념학습으로 바뀔 것입니다. 그때가 되면 아이가 수학을 저절로 좋아하게 됩니다.

▶ '그렇다'가 3~6개

부모 역할에 대해 혼란스러워하고 있습니다. '그렇다'에 체크한 항목이 반대의 경우가 되도록 지금부터 열심히 노력해야 합니다. 이런 상태가 계속되면 아이와의 관계가 더 나빠질 가능성이 있습니다.

▶ '그렇다'가 7~10개

이런 상태가 계속되면 아이가 갈수록 수학을 싫어하게 되어 수포자가 될 수 있습니다. '그렇다'에 체크한 항목이 반대의 경우가 되도록 지금부터 열심히 노력해야 합니다. 수학 학습법이나 자기주도학습법에 대한 책을 폭넓게 읽어보기 바랍니다.

'하루 30분 수학' 아이 체크리스트

아이가 개념학습과 자기주도적인 학습을 제대로 실천하고 있는지 체크해봅시다. 해당 항목에 체크한 뒤 결과를 확인해보세요.

번호	질문	체크	
1	수업시간에 수학 개념 설명을 집중하여 듣는다.	그렇다 ☐	그렇지 않다 ☐
2	선생님의 설명이 이해되지 않으면 즉시 질문한다.	그렇다 ☐	그렇지 않다 ☐
3	오늘 배운 개념을 이전에 배운 개념과 되도록 많이 연결하려고 노력한다.	그렇다 ☐	그렇지 않다 ☐
4	문제를 풀 때 힌트나 풀이를 참고하지 않으며, 서너 번 풀어도 풀리지 않으면 그때 풀이를 본다.	그렇다 ☐	그렇지 않다 ☐
5	수학은 시험 때 집중하여 공부하기보다 그날 배운 것을 그날 정확하게 정리하는 방식으로 공부한다.	그렇다 ☐	그렇지 않다 ☐
6	교과서의 수학 개념을 모두 연결한다는 생각으로 파고 든다.	그렇다 ☐	그렇지 않다 ☐
7	수학 공식을 암기하는 것보다 공식을 유도하는 과정에 더 관심을 가진다.	그렇다 ☐	그렇지 않다 ☐
8	수학적인 능력은 타고나는 것이 아니라 내 노력에 의해서 얼마든지 달라진다고 생각한다.	그렇다 ☐	그렇지 않다 ☐
9	옆집 친구가 선행학습을 한다 해도 전혀 걱정되거나 두렵지 않다.	그렇다 ☐	그렇지 않다 ☐
10	친구들이 모두 학원에 있지만 친구들을 만나기 위해 학원에 가고 싶지는 않다.	그렇다 ☐	그렇지 않다 ☐

해설

▶ '그렇다'가 0~2개

  걱정입니다. 아이가 수학을 공부하는 제대로 된 방법을 전혀 모르고 있습니다. 학습방법에 대한 근본적인 고민이 필요합니다. 이대로 가면 언젠가는 수포자가 될 것입니다.

▶ '그렇다'가 3~6개

  아이가 수학을 공부하는 방법에 대해 혼란스러워하고 있습니다. '그렇지 않다'에 체크한 항목이 반대의 경우가 되도록 도와주세요. 이런 상태가 계속되면 아이의 학습 습관과 수학 성적은 갈수록 나빠질 것입니다.

▶ '그렇다'가 7~10개

  아이가 자기주도적 학습 습관과 개념학습법에 익숙해져 가고 있습니다. 지속적으로 격려해주고, '그렇지 않다'에 체크한 항목이 긍정적으로 바뀔 수 있도록 도와주세요.

4부
아이의 하루 30분

CONTENTS

부모가 아이의 개념학습을 매일 체크하며 자기주도적 학습 습관을 키워주더라도 수학을 공부하는 데 있어서는 몇 가지 중요한 포인트가 존재합니다. 이를 꾸준히 실천해야 수학을 정복할 수 있습니다. 그러나 금방 달성되는 것은 아니기 때문에 장기적인 안목에서 꾸준히 실천해야 하겠습니다.

수학을 이해한다는 것이 문제를 풀 수 있다는 의미는 아닙니다

 미국 학생들은 점수는 낮지만 실력은 높다

최근 교육과정이 자주 바뀌고 있습니다. 이로 인해 학교 현장에 혼란이 있는 게 사실입니다. 미국은 1989년에 교육과정 표준안을 만든 이후 2000년에 개정하고, 2010년에 CCSS(Common Core State Standards)라는 새로운 교육과정을 발표했습니다. 10년 이상의 간격이 있지요. 그 10년 동안 수많은 연구와 현장 실험을 거친 덕에 내용이 갈수록 좋아지는 게 확실히 느껴집니다.

그런데 우리나라는 그저 그렇게 바뀌고 있어서 뚜렷한 변화를 느낄 수 없습니다. 혼란만 가중시키고 있습니다. 연구가 태부족하고 현장 실험을 전혀 거치지 않기 때문입니다. 따라서 내용을 줄였다 늘였다 하고, 학년을 이쪽저쪽으로 옮기는 일만 하고 있습니다. 가르치는 방법이나 학생들의 학습법에도 변화가 없습니다. 자기주도적인 학습은 구성주의 철학에서 나온 학습법인데 우리나라 수학 교과서는 아직 1950년대 행동주의 철학을 그대로 담고 있습니다.

교사들은 학생들의 배움을 중심으로 수업하고자 해도 교과서가 따라오지 못하니까 학습지를 별도로 개발하고 수업을 재구성해야 합니다. 여러 과목을 가르쳐야 하는 초등학교에서는 교과서를 재구성하는 작업이 쉽지 않습니다. 중·고등학교 교사들도 잡무가 많다는 등의 이유로 재구성하는 경우가 드뭅니다. 그래서 우리 아이들은 21세기에 살면서도 자기주도적인 교육을 받지 못하고 있습니다.

우리 교과서는 첫 페이지에서부터 바로 수학 내용을 배우고 문제를 풀기 시작합니다. 수학을 왜 배우는지, 어떻게 공부해야 하는지에 대해서는 전혀 알려주지 않습니다. 그러다 보니 수학을 공부하는 방법이 제각각이고, 공부하는 목적도 제각각입니다. 편법이 난무하여 정직하게 제대로 된 학습법을 설명하면 무시되는 사회가 되었습니다. 선행학습만이 답이라고 생각하여 초등학생에게 중·고등학교 수학을 가르치고 있습니다. 그래서 우리나라 아이들은 국제적인 비교평가에서 높은 수학 점수를 받지만 수학에 대한 정의적 영역의 성취도는 국제비교평가가 시작된 이래로 20년 가까이 세계 최하위를 맴돌고 있습니다.

중·고등학교까지의 수학 성취도는 높지만 대학생이 된 이후의 수학 실력은 전 세계 꼴찌라는 보고가 많이 나와 있습니다. 특히 미국 대학생의 수학 실력을 우리나라 아이들은 따라갈 수 없다는 것이 많은 유학생의 증언입니다. 중·고등학교 때는 우리보다 한참 낮은 점수를 받던 아이들이 어떻게 역전할 수 있었을까요? 어떻게 이해해야 할까요?

지금 우리나라 수학교육은 교육이 아닙니다. 제가 가르치던 수학은 진정한 수학이 아니었다는 것을 저는 10년 전에 깨달았습니다. 수학은 지식이 아닙니다. 수학은 사고요, 인생에서 닥치는 여러 문제를 해결하는 중요한 개념입니다.

30분 수학 42 CCSS의 수학교육은 학습 과정 및 절차를 강조한다

수학적 이해가 부족한 학생들은 수학 문제를 푸는 방법과 절차에 지나치게 의존하는 경향이 있습니다. 개념학습보다 공식암기학습에 익숙한 것입니다. 이런 학생들은 유사한 문제에서 규칙을 찾아 일관성 있게 수학적으로 표현하고, 타당한 논거를 들어 자신이 내린 결론을 검토하여 정당화하고, 일상의 실제적 상황에 수학적 개념을 적용하여 수학적 도구를 사용하는 데 한계를 지닙니다. 그래서 수학에 대한 이해가 부족한 학생은 수학에 흥미를 잃을 가능성이 큽니다. 이러한 맥락에서 CCSS의 수학과 교육과정은 학생들이 수학적 개념과 원리를 학습하는 데, 그리고 실제 생활에서 그것을 적용하는 데 어떠한 어려움과 장애가 있는지에 관한 그동안의 연구 결과를 토대로 이를 해결하는 데 도움을 주는 방향으로 설계되었습니다. 또한 수학 학습 과정 및 절차와 교과 내용을 균형 있게 결합하는 데 초점을 둡니다.

눈여겨볼 것은 수학 내용만 가르치지 않고 수학 학습 과정 및 절차를 강조하고 있다는 사실입니다. 바로 이 점이 우리나라 수학교육이 따라가지 못하고 있는 부분입니다. 미국 아이들은 수학 내용만 배우는 것이 아니라 그 학습 과정 및 절차를 철저하게 배우기 때문에 대학 이후의 어려운 수학도 자기주도적으로 공부할 수 있습니다.

구체적으로는 문제 해결의 실천원리를 가르칩니다. 그래서 답이 맞았는지 틀렸는지, 거기에만 관심을 갖는 게 아니라 그 문제를 풀기 위해 사용된 수학 개념을 상기하고 어떤 실천원리가 가장 유용했는지 반성하게 하고 있습니다.

수학을 이해한다고 하는 것은 수학 문제를 단순히 풀 수 있다는 의미가 아닙니다. 수학 문제를 해결하는 방법이 어떤 수학적 개념과 원리에 근거하고 있는지 아는 것을 의미합니다. 그리고 그 문제를 해결하기 위해 어떤 실천원리가 가장 유용한지를 돌아보는 데까지 나아가야 합니다. 예컨대 $a(x+y)$를 단순히 분배법칙으로 푸는 학생과 수학적 개념과 원리에 대한 이해를 토대로 해결하는 학생 사이에는 큰 차이가 있습니다. 즉, 전자의 학생은 $(a+b)(x+y)$와 같은 문제를 해결하는 데 애를 먹지만, 후자는 어렵지 않게 해결할 수 있습니다.

문제 풀이에도
정석이 있습니다

 43 문제 해결의 여덟 가지 실천원리

　CCSS의 수학과 교육과정은 학생들이 수학적 개념과 원리를 학습하고 실제 생활에 그것을 적용하는 데서 부딪히게 되는 어려움과 장애를 해결하는 데 도움이 되도록 설계되었습니다.

　이를 통해 자기주도적으로 수학을 공부하는 방법을 정리해보고자 합니다. 수학 교재《Connected Mathematics》의 내용을 우리나라 실정에 맞게 재구성한 내용입니다.

1. 문제를 이해하고 그것을 해결하는 데 인내심을 가진다

수학에 자신감이 없는 아이들은 수학 문제를 보자마자 겁을 먹습니다. 그래서 아무 식이나 가져다가 마구 계산합니다. 반면 수학을 잘하는 아이들은 침착합니다. 지금 당면한 수학적 문제가 무엇을 의미하는지에 대해 스스로에게 설명하고, 그것을 해결하기 위한 사고의 실마리가 무엇인지 찾아내는 것으로부터 문제 해결을 시작합니다. 즉각적으로 문제를 해결하려 뛰어들지 않고, 문제에서 주어진 조건이나 제한 조건, 최종 목표, 답의 형태와 의미를 분석하여 해답을 찾기 위한 단계와 절차를 구체화합니다. 원래 문제의 조건을 단순화하고, 유사한 유형의 문제를 기억해내서 비교하기도 하며, 자신의 문제 해결 과정을 점검하여 문제 해결의 절차와 방법을 재수정하기도 합니다.

예컨대 수학을 잘하는 학생들은 주어진 방정식, 표와 그래프 간의 연관성을 찾고, 중요한 특징이나 관계에 대해서는 도표나 그림을 그려보고 자료를 그래프로 만들기도 하면서 특정한 규칙성이나 경향성을 찾습니다. 그리고 자신이 찾은 답을 다른 방법으로 검산하고, 끊임없이 스스로에게 의심을 가지고 되돌아봅니다. 이러한 일련의 과정을 거쳐 학생들은 여러 방법들을 이해하게 되고, 그 사이에서 유사성을 발견해내기도 합니다.

2. 추상적으로 그리고 양적으로 추론한다

문제 상황에 대해 양적인 수치를 찾아내고 이들의 관계를 파악해봅니다. 이를 위해 먼저 문제 상황을 탈맥락화합니다. 주어진 상황을 하나씩 떼어내서 그것을 수학적 표현이나 기호로 나타내보는 것입니다. 그러고는 이를 다시 전체 맥락 속에서 파악해봅니다. 이러한 순환적 사고의 과정을 반복적으로 수행합니다.

이와 같은 양적인 추론능력은 문제 상황을 계량화된 단위나 기호로 나타내보고, 그것이 의미하는 바에 주의하면서 다양한 연산법을 활용하는 연습을 통해 길러집니다.

3. 자신의 주장을 논리적으로 설명하고 주어진 추론을 정확히 비판한다

자신의 주장을 구성하는 데 있어 문제에 기술된 가정, 정의 그리고 이전에 나온 결과들을 활용합니다. 추측을 하며 추측이 맞는지 확인하기 위해 논리적으로 하나하나 서술해나가고, 문제 상황을 각각의 사례로 나누어 분석해보면서 반례(反例)를 활용하지요. 그렇게 하다 보면 본인의 결론을 다른 사람들에게 이야기했을 때 제기되는 반론에 대해 논박할 수 있게 됩니다.

그럴싸한 두 개의 논거를 비교하여 그 타당성을 설명할 수도 있습니다. 저학년일 때는 사물, 그림, 표 또는 행동과 같은 구체적인 대상을 사용하여 자신의 논거를 구성하지만, 학년이 올라가면 이러한 주장과 논거들을 영역에 맞게 분류하고 적용하는 연습을 통해 일반화의 과정을 배우게 됩니다. 이렇게 함으로써 학생들은 다른 사람들의 주장과 논거를 듣고 그것이 타당한지 파악할 수 있게 되며, 주장과 논거를 좀 더 명확히 하고 발전시키는 데 도움이 되는 질문들을 할 수 있게 됩니다.

예를 들어 3과 5의 최소공배수가 15, 2와 7의 최소공배수가 14, 4와 11의 최소공배수가 44가 되는 현상을 보고 '두 수의 최소공배수는 두 수의 곱과 같다'는 주장을 만들 수 있습니다. 이 경우 과연 이 주장이 항상 옳은지를 파악해야 합니다. 옳지 않다면 반례를 들어야 하지요. 4와 6의 최소공배수는 24가 아닌 12이기 때문에 4와 6이 이 명제의 반례가 될 수 있습니다.

4. 수학적 모델을 만든다

자신이 알고 있는 수학적 지식을 일상생활에 적용해봅니다. 뒤에서 이를 수학적 민감성이라고 설명합니다(136쪽). 수학적 민감성이 있으면 일상에서 수학을 발견합니다. 수학적 모델을 만드는 일도 수학적 민감성과 관련이 깊습니다. 가령 초등학교 때는 어떤 상황을 덧셈식으로 표현할 수 있고, 중학교 때는 학교 행사를 계획하거나 동네의 문제점을 분석할 때 비례적 추론을 사용할 수 있습니다. 고등학교 때는 디자인 문제를 해결하기 위해 기하학을 사용하거나 두 수의 관계를 함수로 설명할 수 있습니다. 일상생활 속에서 계량화의 중요성을 확인하며 양적으로 표현된 것들의 관계를 여러 가지 표, 그래프, 순서도와 공식으로 표현하여 분석하고 수학적으로 결론 내릴 수도 있습니다. 일상적 삶 속에서 수학적 결론을 해석하며, 도출한 결과가 맞는지 확인하면서 수학적 모델을 만들어가는 것입니다.

5. 적절한 도구를 전략적으로 사용한다

수학 잘하는 아이들은 수학 문제를 풀 때 각종 도구를 사용합니다. 연필과 종이, 모형, 자, 각도기, 계산기 또는 기하 프로그램 등을 말합니다. 아이들은 이러한 도구들이 어떤 경우에 유용하고 그 한계가 무엇인지 잘 알고 있습니다. 예를 들어 컴퓨터를 잘 다루는 학생은 수학용 소프트웨어로 함수 그래프를 만들어 문제의 해답을 찾아내거나 오류를 발견하기도 합니다.

수학적인 모델을 만들거나 수학적 개념을 이해할 때 이러한 전자기기나 소프트웨어들을 이용하여 결과를 시각적으로 재현해보고 몇 가지 결과들을 탐색해보면 최적의 답을 구할 수 있습니다.

6. 정확성에 주의를 기울인다

자신의 의견을 정확하게 전달하려고 노력해야 합니다. 그러자면 다른 사람과 논쟁할 때나 혼자 추론할 때도 명확한 정의와 수학용어를 사용해야겠지요. 수학적 상징이나 기호, 수학적 단위 또한 그 의미를 명확하게 이해하고 문제 해결에 적용합니다.

7. 구조를 찾고 이용한다

수학 잘하는 아이들은 규칙이나 구조를 파악하기 위해 문제를 주의 깊게 들여다봅니다. 그러다 보면 3+7과 7+3이 같다는 사실을 알아차리고(덧셈의 교환법칙), 도형의 면의 개수에 따라 도형을 분류하게 되지요(다면체). 나중에 분배법칙을 배우면 7×8이 7×5+7×3과 같음을 알게 되고, 이차방정식 $x^2+9x+14=0$을 풀 때도 14를 2×7로, 9를 2+7로 나누어 인수분해를 할 수 있게 됩니다. 또한 도형 문제에서는 주어진 선의 중요성을 알아차리고 문제를 풀기 위해 보조선을 그리게 되며, 대수식을 몇 개의 식으로 나누어 그 의미를 알아차릴 수도 있습니다. $2(x+y)^2-3$이라는 식이 2에 어떤 수의 제곱을 곱하여 3을 빼는 구조라는 것을 이해하는 셋이시요.

8. 반복되는 추론에서 규칙을 찾고 표현한다

어떠한 계산이 반복되면 일반화된 방법을 찾아봅니다. 예를 들어 $\frac{1}{7}$을 소수로 바꾸었을 때 소수점 아래 숫자가 반복되는 것이 1을 7로 나누었을 때 나머지가 반복되기 때문이라는 것을 추론하여 소수점 아래의 수가 규칙적으로 순환한다는 결론을 내리는 것입니다.

우리나라 학생들은 문제를 풀면 바로 해답을 확인합니다. 맞았으면 동그라미표를 치며 넘어가고 틀린 문제는 다시 풀어봅니다. 틀린 문제도 다시 풀어서 맞으면 그냥 넘어가지요. 그러나 문제를 해결하는 과정에도 고려해야 할 일이 있고, 문제를 푼 이후에도 되돌아봐야 할 일이 있습니다.

문제를 푼 후에는 다음 두 가지 사항을 스스로 꼭 물어야 합니다. 그래야 문제를 다 푼 것입니다.

첫째, 이 문제를 풀면서 얻은 수학은 무엇인가?
둘째, 그 수학을 학습하는 데 가장 유용한 실천원리는 무엇인가?

이 두 가지를 물으면 시간이 든다는 약점이 있습니다. 짧은 시간에 많은 진도를 나가려는 아이들은 귀찮아할 수 있습니다. 공식암기학습을 하는 아이들은 공식만 가지고도 문제가 풀리기 때문에 이를 무시하기 쉽습니다. 하지만 문제를 푸는 목적이 연습과 수학 실력 향상에 있다면 그 문제를 푸는 데 사용된 수학 개념은 끝없이 강화되어야 합니다. 그리고 실천원리까지 점검해야 새로운 문제에 대한 응용력을 키울 수 있습니다.

우등생이 되는 첫 번째 비결,
수학적 민감성을 키웁니다

우등생이 되는 다섯 가지 비결

　부모가 돌봐주는 하루 30분만으로 공부가 끝나는 것이 아닙니다. 아이 스스로 공부하는 시간이 그보다 훨씬 많아야겠지요. 사교육을 받지 않는 아이들의 경우 집에서 스스로 공부할 시간적 여유가 좀 있을 것입니다. 수학 공부는 매일 한두 시간씩 꾸준히 해야 합니다. 그러다가 정말 집중과 몰입이 되는 날이라면 더 많은 시간을 공부할 기회도 있겠지요. 지금부터 우등생이 되는 비결을 설명하려고 합니다. 아이들에게 읽힐 때는 아이의 학년에 따라 이해할 수 있는 부분까지 보게 하였다가 학년이 올라가면 또 읽히는 방식으로 이 부분을 활용하기 바랍니다.

30분수학46 수학적 민감성을 키운다

수학적 민감성은 순간순간 경험하는 삶의 현장에서 수학적인 사고를 발견하는 능력입니다. 수학적 민감성이 곧 문제 푸는 기술로 연결되는 것은 아니지만 수학적 민감성이 커지면 수학을 보다 쉽게 공부할 기회가 많아집니다. 비수학적인 상황에서 수학을 발견하게 되면 수학이 필요 없다는 생각을 하지 않게 되어 수학이 싫지 않으니까요.

수학을 책으로만 공부하는 아이, 책에 있는 수학을 책 밖으로 끄집어낼 수 없는 아이는 수학적 민감성이 떨어지는 아이입니다. 이런 아이들은 수학적 민감성을 가진 아이를 이겨낼 수 없습니다. 수학적 민감성이 강한 아이는 24시간 내내 수학을 공부하는 격입니다. 아무리 머리가 좋아도 수학을 24시간 공부하는 아이를 이기기는 쉽지 않을 것입니다.

수학적 민감성은 이미 배운 수학적 현상이 실제에 나타날 때 발휘됩니다. 그러면 저절로 복습이 될 뿐 아니라 복습의 질이 높아져 응용력이 커집니다. 예를 들어 거리와 속도와 시간의 관계를 배웠다면, 이동하는 모든 순간에 이러한 내용을 적용해보는 것입니다. 이후 이러한 내용의 문제에 닥치면 익숙하고 자신감 있게 문제를 해결할 수 있겠지요.

사람은 누구나 어느 정도의 수학적 민감성을 가지고 태어난다는 연구 결과가 있습니다. 두 개보다는 세 개가 많다는 걸 알고 하나와 하나를 더하면 두 개가 된다는 걸 아는 것이지요. 수학적 민감성은 수를 이해하는 데 기초가 되므로 아이가 어릴 때부터 생활 주변에 대한 호기심을 키우면서 수학적 민감성을 가지도록 도와줄 필요가 있습니다. 유치원이나 어린이집의 정규 교육과정인 누리과정을 보면 이런 것들을 고려한 수학 학습방법을 잘 제시하고 있습니다.

그런데 부모들의 과욕으로 인해 정상적인 누리과정에서 벗어나 오후의 특별활동이나 과외 수업을 통해 추상적인 수학을 가르치는 모습이 자주 발견됩니다. 시중에 유치원용으로 나와 있는 수학 문제집이나 인터넷 사이트에서도 조기에 연산을 도입하고 초등 2~3학년 수준의 추상화된 수학 문제를 지겹게 반복하고 있습니다. 이런 것들은 수학적 민감성을 떨어뜨리는 원인이 됩니다. 연산에 대해 트라우마라도 갖게 되면 아이의 수학 학습에 평생 장애가 될 수도 있습니다.

 수학적 민감성을 키우면 배경지식이 절로 쌓인다

수학적 민감성을 키우면 수학을 공부하는데 필요한 배경지식을 저절로 얻을 수 있게 됩니다. 수학을 공부하는 데도 배경지식이 필요합니다. 이는 책을 통해 배우기보다 생활 속에서 쌓을 수 있습니다. 수학적으로 민감해야 생활 속에서 수학을 발견할 수 있고, 일상생활을 수학적으로 해석하는 연습을 하면서 수학적 민감성을 키울 수 있습니다.

아이가 부모와 일상에서 자주 나누는 대화가 수학적이라면 수학에 대한 긍정적인 인식이 더욱 커갈 것입니다. 다만 이때 수학 공부를 시키려는 부모의 엉큼한 마음을 아이가 눈치채지 못하도록, 지나치지 않을 정도면 좋겠습니다.

 대세는 아무래도 스토리텔링과 교과 통합적 수업이겠지요?
저는 아이와 버스, 지하철 등을 이용할 때 교통카드 잔액을 확인하게 하여 앞으로 몇 번을 탈 수 있는지 물어봅니다. 또 마트에 가기 전, 필요한 목록을 작성하게 하여 예상금액을 계산해보도록 합니다. 장을 보고 와서는 요리를 하면서 양념의 비율, 물의 양 등을 계산해보게 하고요. 이러한 것들이 스토리텔링의 밑거름이 되어 공부에도 재미가 붙지 않을까 생각합니다. - 중2 학부모

 개념 부족도 수학적 민감성으로 해결할 수 있다

중학교 2학년에서 배우는 내용 중 '닮음비'가 있습니다. 닮은 두 도형 사이의 길이의 비를 말하는데, 사실 그 기초는 초등학교 5학년 때부터 배우는 비율의 개념입니다. 한 모서리의 길이가 1cm인 정육면체의

부피는 1cm³입니다. 그럼 정육면체의 각 모서리 길이를 두 배로 늘이면 부피도 두 배가 될까요? 아니지요! 부피는 여덟 배가 됩니다. 이론적으로 길이의 비, 즉 닮음비가 $a : b$이면 부피의 비는 $a^3 : b^3$이 됩니다.

그럼 원뿔 모양 컵의 높이를 10등분하였을 때 어디까지 물을 채워야 절반이 되는지 물어보겠습니다. 대부분 감각적으로 6이나 7을 택합니다. 그러나 위의 이론에 맞춰 계산하면 8 정도가 절반에 해당합니다. 높이의 비가 10 : 8이 되면 부피의 비

가 각각 세제곱의 비인 1000 : 512가 되어 약 두 배가 되니까요. 높이의 비가 10 : 7이면 부피의 비는 1000 : 343으로 세 배 정도 차이가 나게 됩니다.

한편 입학 경쟁이 심한 사립유치원의 경우, 추첨을 통해 입학생을 결정하지요. 일명 제비뽑기와 같은 추첨에서는 뽑는 순서에 관계없이 누구나 뽑힐 확률이 똑같습니다. 수학적으로 증명되어 있는 사실입니다. 그런데 실제 자녀 입학 문제로 이런 상황이 닥치면 이성적인 판단보다는 감정적인 판단에 의존합니다. 추첨이 대개 접수순으로 이루어지므로 전날 밤부터 추위를 무릅쓰고 온 가족이 나와 줄을 서는 것이지요. 그러나 제비뽑기의 확률은 언제나 변함없이 뽑는 순서에는 관계가 없습니다.

원뿔 모양 컵의 절반은 8부가 되는 선이고 유치원 추첨은 순서에 무관하다는 것을 수학적으로 이해했는데도 왜 실제 문제 해결 상황에는 적용하지 못하는 걸까요? 이것은 개념적인 이해의 부족이라고 말할 수밖에 없으며, 이를 만회하기 위해서라도 수학적 민감성을 키워야 합니다.

교과서를 통해 수학 이론을 개념적으로 이해했다고 해도 바로 문제를 풀어내는 것은 쉽지 않습니다. 개념과 문제 사이의 연결성이 아직 자라지 못했기 때문인데, 적용능력 또는 연결성을 늘려주는 것이 수학적 민감성입니다.

신문 기사나 일상생활에서 겪게 되는 수학적인 상황을 둔감하게 넘기지 말고 여기에 수학을 적용해나가다 보면 교과서에서 배운 수학이 개념적으로 보다 확실하게 이해되는 기회를 얻을 수 있습니다. 그러나 습관이 되어 있지 않다면 금방 익혀지지 않겠지요.

수학적 민감성은
가정에서 길러줄 수 있습니다

 부모도 수학적 민감성을 갖자

부모들의 수학적 민감성이 아이에게 영향을 줄 수 있습니다. 그런데 수학적 민감성은 하루아침에 만들어지는 것이 아니므로 꾸준히 노력해야 합니다. 아이 못지않게 부지런하고 민감해야 합니다. 특히 신문을 보면 수학적인 기사가 많습니다. 통계 수치는 대부분 그 자체가 수학적 대상이기도 하고, 대부분 그래픽을 동반하여 보기 좋게 제공됩니다.

2012년의 국가연구개발사업비가 대기업으로 다 흘러가서 중소기업은 여전히 힘들다는 기사가 실린 적이 있습니다. 46억 4,000만 원의 예산 중 대기업이 43억 2,000만 원을 차지하고 나니 중소기업에 배정된 예산은 3억 2,000만 원뿐이었습니다. 이 기사에는 원으로 나타낸 그림그래

국가연구개발사업 기업 규모별 연구비 지원
※2012년 기준(단위: 원) 자료: 미래창조과학부, 민병주 최재천 의원

대기업

중소기업

프가 주어졌는데, 중소기업을 나타내는 원의 지름이 1센티미터였습니다. 여기서 두 가지 수학활동이 이루어질 수 있습니다.

하나는 43억 2,000만과 3억 2,000만의 비를 이용해서 대기업을 나타내는 원의 지름을 추측해보는 것이고, 또 하나는 대기업을 나타내는 원의 지름을 재서 대기업과 중소기업의 예산 비율을 계산하는 것입니다.

첫 번째 활동을 먼저 생각해보겠습니다. 43억 2,000만을 3억 2,000만으로 나누면 13.5가 나옵니다. 대기업이 중소기업의 13.5배이므로 원의 크기가 13.5배이면 제대로 된 그림이라고 할 수 있지요. 여기서 원의 크기는 원의 넓이입니다. 지름을 제곱한 것이 13.5배가 되면 맞습니다. 수학적으로는 $\sqrt{13.5}$ 라는 제곱근을 구하는 것이지요. 계산기를 이용하면 제곱해서 13.5가 되는 근삿값을 구할 수 있습니다. 약 3.7이지요. 대기업을 나타내는 원의 지름의 길이를 재서 맞는지 확인할 수 있습니다.

두 번째 활동을 보겠습니다. 먼저 큰 원 지름의 길이를 재야겠지요.

3.7센티미터가 나옵니다. 그러면 큰 원의 넓이는 작은 원 넓이의 3.7^2, 즉 13.7배가 됩니다. 이제 두 예산을 나눠서 13.7에 가까운 값이 나오면 수학적으로 맞는 계산이 됩니다. 실제로는 13.5에 비슷하므로 그림그래프가 잘 그려졌다고 할 수 있겠지요.

이 정도 계산은 최고급의 비례 감각입니다. 비율에 대한 추측, 즉 비례적 추론능력은 수학에서 아주 중요한 부분이고, 이보다 더 복잡한 추론능력은 없습니다. 아이들은 대체로 각각의 원 넓이를 구해서 그 비를 구할 것이지만, 기왕이면 반지름 사이의 비를 먼저 구해 그것을 제곱하는 것이 비율을 구하는 지름길이 될 것입니다.

그런데 기업에 관한 내용은 아이들의 관심을 끌지 못합니다. 아이들에게 보다 친근한 관심사를 찾는 것이 동기 유발에 좋습니다. 따라서 이런 신문 기사를 발견하면 우연한 관심사인 척하면서 아이를 대화에 끌어들이는 것이 중요합니다. 그러나 아이들이 호기심을 보이지 않을 가능성도 큽니다. 또 부모가 의도적으로 수학 공부를 시키려 한다는 걸 눈치채기도 하지요. 자연스럽게 접근하는 것이 관건입니다.

 일상용어도 수학적인 것은 민감하게 사용해야 한다

수학적 민감성을 기르기 위해서는 수학용어를 적절하고 알맞게 사용하는 것도 중요합니다. 의사소통능력, 특히 수학적인 의사소통능력은

21세기 국제사회가 요구하는 핵심 능력 중 하나입니다. 아이들이 수업 시간에 사용하는 수학용어는 대부분 정확하지 않습니다. 수학용어를 정확하게 쓰는 아이를 보면 대부분 1등을 하는 학생이지요. 그 아이들은 수학용어를 거의 오차 없이 사용합니다. 아이들이 수학용어를 정확하게 구사하지 못하는 이유는 수학용어가 평상시에는 쓰이지 않기 때문입니다. 그러나 수학적으로 민감해지면 이 용어를 평상시에 쓸 수 있습니다. 결국 이런 용어를 정확하게 쓸 수 있도록 민감해져야 합니다. 정비례와 반비례를 예로 들어보겠습니다. 이러한 내용을 처음 배우는 시기는 6학년입니다.

　인간은 나이를 먹으면서 키가 자랍니다. 이를 '사람의 키는 나이에 정비례한다'고 말합니다. 그러나 수학적으로는 정확한 표현이 아닙니다. 나이 먹으면서 키가 크는 것은 사실이지만 키가 나이에 정비례한다는 말은 맞지 않지요. 정비례는 매년 똑같이 자랄 때만 쓸 수 있는 말입니다. 1년에 5센티미터가 자랐으면 계속 1년에 5센티미터씩 자라야 정비례한다고 말할 수 있습니다. 그런데 어떤 해는 5센티미터가 크고 다음 해에 7센티미터가 크면 정비례가 아닙니다. 이런 상황에서 아이들은 증가하는 것만 정비례라는 오개념을 가질 수 있습니다. 줄어드는 것도 정비례하는 것이 있습니다. 똑같은 오개념으로, 줄어들면 반비례라고 생각하는 아이가 있는데, 반비례하여 늘어나는 경우도 있습니다.

　이처럼 수학의 정비례와 반비례가 일상에서 정확히 맞아떨어지는 것은 아니기 때문에 주의해야 합니다. 가정에서도 비례라는 말을 정확하게 알고 사용하는 것이 아이의 수학적 민감성을 위해 바람직합니다.

30분수학 51 수학적 민감성, 가정에서 키울 수 있다

집에 크기가 다른 원기둥 모양의 컵이 두 개 있다면 좋은 학습자료가 됩니다. 저는 이런 컵을 보면 아이에게 물어봅니다. "작은 컵 두 잔과 큰 컵 한 잔 중 어느 것에 물이 더 많이 들어갈까?"

컵	지름의 길이 (cm)	높이 (cm)
작은 컵	5.3	6.0
큰 컵	6.5	8.2

이 상황에서 물을 부어 결과가 나오면 수학적으로 얻을 것이 줄어듭니다. 물을 부어 직접 확인하기 이전에 자연스럽게 자를 들어 길이를 잽니다. 추론능력은 아직 결과를 확인하지 않은 상태에서 길러집니다. 결국 부피를 비교하는 것이니 밑면인 원의 지름의 길이와 컵의 높이를 재야겠지요. 지름이 약 1.2배, 높이는 약 1.4배입니다. 그럼 부피는 두 배가 될까요? 추측해보세요. 1.2×1.4=1.68이므로 보통은 큰 것이 작은 것의 두 배가 안 될 거라고 생각합니다. 그러면 확인해볼까요?

이때도 많은 방법이 있습니다. 그리고 다양한 차원이 존재하지요. 첫 번째 방법은 각각의 부피를 구하는 것입니다. 부피를 구하는 것도 원주율 π(파이)의 값을 그냥 π로 두는 방법과 π 대신 3.14를 대입하여 근삿값을 계산하는 방법이 있을 것입니다.

$$(\text{작은 컵의 부피}) = \pi \times 2.65^2 \times 6.0 = 42.135\pi = 132.3039$$
$$(\text{큰 컵의 부피}) = \pi \times 3.25^2 \times 8.2 = 86.6125\pi = 271.96325$$

큰 컵이 작은 컵의 두 배가 넘습니다. 인간의 공간감각이 이렇게 엉망이란 것을 알게 되면 아이가 입체도형에 관한 문제를 틀려오는 것도 이해가 될 것입니다. 여기서 π의 값을 꼭 3.14로 바꿔야 할 필요는 없었네요. 두 배인지를 판단하는 데는 중요한 역할을 하지 않았으니까요. 비율을 따질 때는 똑같은 것을 서로 무시*하면 되니까 3.14로 바꿀 필요는 없었습니다.

두 번째 방법은 반지름의 길이를 구하기 위해 지름의 길이를 반으로 나눔으로써 소수점이 하나 더 늘어나는 고통을 피할 수 있는 방법입니다. 즉, 그냥 반지름의 길이 대신 지름의 길이를 제곱하는 것입니다. 그러면 작은 컵은 $\pi \times 5.3^2 \times 6.0 = 168.54\pi$ 가 되고, 큰 컵은

---

*무시한다는 것은 수학적으로 약분한다는 것입니다. 똑같은 것은 약분하면 1이 되므로 무시해도 되는 값이 됩니다.

$\pi \times 6.5^2 \times 8.2 = 346.45\pi$ 가 되니까 비교해보면 두 배가 넘습니다. 계산이 빠른 사람은 이것이 아까 두 컵의 부피를 각각 네 배 한 값이라는 것을 눈치챘을 것입니다. 어떤 것을 두 배 한 것을 제곱하면 네 배가 되는 현상도 앞에서 나온 닮음비의 성질과 연결하여 이해해두면 좋겠지요.

세 번째 방법은 한 수준 높습니다. 처음부터 지름의 비와 높이의 비를 구합니다. 지름의 비는 약 1.23, 높이의 비는 약 1.37입니다. 부피에 영향을 주는 것은 원의 넓이와 높이이므로, 작은 컵에 대한 큰 컵의 부피의 비는 $1.23^2 \times 1.37 = 2.072673$이 됩니다. 이렇게 해도 두 배가 넘는다는 판단이 가능하지요.

세 방법은 관점에 따라 사용 용도가 다를 수 있습니다. 지금 각각의 부피를 구해야만 한다면 첫 번째 방법을 사용합니다. 그러나 관점이 두 배가 되는가 하는 점에 있다면 비율을 재는 세 번째 방법이 가장 효과적입니다.

30분 수학 52 수학적 민감성은 논리적인 설명에도 도움이 된다

젓가락을 가지고도 얼마든지 수학을 할 수 있습니다. 우리 집에 있는 젓가락은 세 종류입니다. 젓가락 짝 안 맞는 걸 싫어해서 평소 젓가락 집는 원칙을 갖고 있습니다.

한 번에 몇 개를 집어야 그중 짝이 맞는 젓가락이 최소 한 쌍이 될까요? 두 개만 집으면 짝이 항상 나올까요? 그건 운이 좋을 때 얘기입니다. 답은 네 개입니다. 그러나 중요한 것은 왜 네 개인지에 대한 설명입니다. 수학에서는 이를 증명이라고 합니다. 증명이라고 하니 갑자기 얼어붙지요. 실제 생활 문제에서 설명하는 습관을 들이면 추상적인 수식을 사용하는 증명에도 자연스럽게 접근할 수 있습니다.

증명은 이렇습니다. '만약 짝이 맞는 것이 하나도 없다면' 하고 가정(假定)을 합니다. 그러면 각 종류가 모두 나와도 세 개를 넘을 수 없습니다. 이 상황에서 하나를 더 집으면 이 새로 집은 젓가락은 이전에 집었던 세 개 중 어느 하나와 같겠지요. 그러면 바로 그게 짝이 맞는 한 쌍이 됩니다.

이런 현상을 수학에서는 '비둘기집 원리'라고 합니다. 비둘기 열 마리가 놀다가 밤이 되어 모두 집에 들어갔는데, 비둘기집은 모두 아홉 개예요. 어떤 일이 벌어졌을까요? 각 집에 모두 한 마리씩 들어간다면 최대 아홉 마리밖에 들어갈 수 없지요. 이제 남은 한 마리는 이들 중 어느 한 집에 들어가야 합니다. 그러니까 두 마리가 들어간 집이 생기겠지요. 이를 수학적으로는 '두 마리 이상 들어간 집이 적어도 하나 존재한다'고 표현합니다. 왜냐하면 세 마리가 같이 사이좋게 들어갈 수도 있고, 그런 집이 여러 개 있을 수도 있으니까요.

고등학교에 가면 귀류법이라는 증명법이 나옵니다. 학생들이 무지 어려워해서 가르치기 힘든 부분입니다만 젓가락을 집는 예와 같이 평소 일상생활에서 증명하는 경험을 해본다면 귀류법에 대한 적응력이 길러질 것입니다.

한강에 다리가 계속 늘어나고 있지만 31개라고 가정하겠습니다. 가장 상류에 있는 다리에서 가장 하류에 있는 다리까지 강변도로를 타고 운전했더니 그 거리가 30.1킬로미터였다고 합시다. 다리가 31개니까 다리 사이의 구간은 30개이겠지요. 30개 구간의 길이에 대해 말할 수 있는 정보는 어떤 것이 있을까요? 30개 구간 중 1킬로미터보다 더 긴 구간이 존재할까요? 증명을 해봅시다.

귀류법이라는 것은 결론을 부정하는 것입니다. 1킬로미터보다 더 긴 구간이 하나도 없다고 가정을 합니다. 그러면 30개 구간의 길이는 모두 1킬로미터 이하일 것입니다. 30개 구간의 길이를 모두 합하면 30킬로미터를 넘을 수 없겠지요. 그런데 운전 거리가 30.1킬로미터라고 했으니 모순(矛盾)이 생기지요. 따라서 결론을 부정하는 것은 잘못입니다. 그래서 '1킬로미터보다 더 긴 구간이 존재한다'는 결론이 맞다고 할 수 있지요. 이것이 귀류법의 증명 방법입니다.

우등생이 되는 두 번째 비결, '정의'를 사용합니다

 정리(공식, 성질, 법칙)보다는 정의를 사용한다

수학에서는 항상 정의(定義)를 먼저 배우고 정리(定理)를 배웁니다. 정리, 즉 공식보다는 용어의 뜻과 정의가 먼저 나오지요. '이등변삼각형은 두 변의 길이가 같은 삼각형이다.' 이게 정의입니다. 그래서 이등변삼각형을 그리면 두 변의 길이가 같다는 표시를 하지요. '두 변의 길이가 같다'는 것이 이등변삼각형의 정의입니다. 이렇게 정의가 정해지면 그다음 나오는 것은 모두 정리(공식, 성질, 법칙)입니다. 두 밑각이 같다는 사실이나 꼭지각의 이등분선이 밑변을 수직이등분하는 것은 이등변삼각형의 성질이지요. 정의가 먼저 나오고, 거기서 성질이 만들어집니다.

정리는 수학자들이 문제를 해결하는 과정에서 습득한 것입니다. 정의는 모두가 합의해서 만든 것이고, 그런 정의를 가지고 연구하다가 알게 된 새로운 사실을 발표하여 인정을 받으면 정리가 됩니다. 따라서 정리는 어려운 것이고 공식을 사용하는 것은 결국 수학자들이 어렵게 만든 것을 가져다 쓰는 셈입니다. 그런데 공식을 쓰면 문제가 빨리 풀리기 때문에 한 번 쓰기 시작하면 빠져나오기가 어렵습니다.

그런데 왜 정리보다 정의를 써야 하는지 생각해봅시다. 정의를 사용할 때의 약점은 문제를 해결하는 데 시간이 많이 걸린다는 것입니다. 잘 안 풀릴 수도 있지요. 그러나 그러는 사이에 머리가 좋아진다는 것이 장점입니다. 머리가 좋아진다는 것은 사고력이 자란다는 것입니다. 즉, 문제를 해결하는 데 시간이 많이 걸리지만 사고력을 키울 수 있습니다.

정리나 공식은 수학자가 미리 힘든 과정을 거치며 편리하게 만들어 놓은 것이기 때문에 그걸 써버리면 평생 그것이 왜 필요한지 모르게 됩니다. 우리가 공부하는 목적이 문제를 편하게 풀려는 것만은 아닙니다. 공부를 하면 머리가 좋아지고 사고력이 자라야 하겠지요. 그런데 정리나 공식은 많이 사용해도 내 사고력을 별로 키워주지 않습니다.

정의는 다릅니다. 정의를 쓰다 보면 수학자가 발견한 정리나 공식을 몰랐어도 내가 그 정리나 공식을 만들어서 쓰게 됩니다. 내가 수학자가 되는 것이지요. 정의를 사용하면 그러한 학습 경험이 가능해집니다.

그런데 시험에서는 정의만 사용하면 큰일 납니다. 문제를 푸는 시간이 너무나 많이 걸립니다. 시험에서는 정의를 고집하면 안 됩니다. 그래서 공부는 이중으로 해야 안전합니다. 정의를 이용해서 문제를 개념적으로 해결하는 과정과 공식을 이용해서 보다 빨리 절차적으로 해결하는 과정을 동시에 경험해야 합니다. 그러므로 시험에 대비해서 공식으로 문제를 푸는 경우에도 꼭 정의를 되돌아봐야 합니다. 정의를 되돌아보지 않으면 공부하지 않은 상태와 큰 차이가 없습니다. 문제집을 많이 풀어도 실력이 오르지 않는 것은 개념학습보다 공식암기학습만 한 탓입니다.

30분수학 54 공식을 이용하지 않아도 문제는 풀린다

1장에서 개념학습과 공식암기학습을 비교할 때 최대공약수 구하는 방법을 설명했습니다(030쪽). 두 수 12와 30의 최대공약수를 구할 때 (방법 1)에서는 정의를 이용했고, (방법 2)에서는 정리를 이용했습니다. 두 방법을 비교하면 정의를 이용하는 (방법 1)보다 공식을 이용하는 (방법 2)가 시간이 덜 걸립니다. 그러나 (방법 2)는 그게 왜 최대공약수인지를 설명하기가 쉽지 않으며 최대공약수의 개념은 보이지 않는 풀이지요.

비례식의 성질 중 '외항의 곱은 내항의 곱과 같다'는 것이 있습니다. 초등 교과서에서 이 부분은 직관적으로 지도되고 있을 뿐 그 논리적인 이유는 전혀 가르치지 않은 채로 끝납니다. 교과서에서는 빵 2개를 만드는 데 달걀이 5개 필요하다고 할 때, 빵 10개를 만들려면 달걀이 몇 개 필요한지 묻고 있습니다. 이런 문제가 나오면 아이들은 비례식(2 : 5 = 10 : □)을 세운 후 '외항의 곱은 내항의 곱과 같다'는 성질을 이용하여 문제를 해결합니다.

$$2 \times \square = 5 \times 10$$
$$\square = 25$$

달걀이 몇 개 필요한지 구하는 데는 비의 개념이면 충분합니다. 비례식의 성질, 즉 공식으로 풀면 빠르게 풀리기는 하지만 비율 개념은 사라져버립니다. 다른 비율 상황과도 연결되지 않습니다.

그럼 어떻게 해결하는 것이 정의를 이용하는 것일까요? 비례식의 정의는 3 : 2 = 60 : 40과 같이 비의 값이 같은 두 비를 등식으로 나타내는 식입니다. 이 정의를 이용하면, 비례식 2 : 5 = 10 : □에서 2 : 5의 경우 5가 2의 2.5배이므로 □는 10의 2.5배인 25가 됩니다.

빵 2개당 달걀이 5개 필요하므로 이 과정을 반복하는 그림을 그려 25라는 답을 구할 수도 있습니다. 이것은 배율인수라는 개념을 사용한 것이지요(2개당 5개).

또한 단위 개념을 사용한 풀이도 가능합니다. 빵 하나를 만들려면 달걀이 2.5개 필요하므로 빵 10개를 만드는 데 필요한 달걀은 $2.5 \times 10 = 25$, 역시 25라는 답을 얻을 수 있습니다.

일본을 비롯한 다른 나라 교과서에서도 비의 관계를 이용하여 모든 문제를 해결하고 있습니다. 비례식의 성질을 공식으로 만들어 가르치는 경우는 보기 힘듭니다. 공식을 이용하지 않아도 비례식의 문제를 해결하는 데 아무런 지장이 없기 때문이지요. 굳이 공식을 가르치겠다면 논리적으로 설명되는 부분을 충분하게 가르쳐야 하는데 지금 초등 교과서는 매우 직관적입니다[*].

초등에서 배운 비의 값을 이용하면 비례식의 성질이 충분히 유도됩니다. $a : b = c : d$라는 비례식에서 각각의 비를 비의 값으로 표현하면 $\frac{a}{b} = \frac{c}{d}$가 됩니다. 등식의 성질을 이용하여 양변에 bd를 곱하면 $ad = bc$라는 결과를 얻을 수 있는데, 이것을 말로 표현하면 비례식의 성질

---

[*] 직관적인 설명이 초등수학교육의 구성 원칙입니다. 논리적으로 엄격한 설명이 초등학생에게는 어렵기 때문이겠지요. 그러나 초등에 나오는 내용으로 설명이 가능하다면 최대한 논리적인 엄격성을 갖추는 것이 이후 중등수학 공부에 도움이 됩니다. 그리고 초등과 중등 수학교육의 괴리를 메울 수 있는 방법이 됩니다.

이 됩니다. 그렇더라도 이런 공식을 만들어 문제를 빨리 풀게만 하는 것보다 비례적인 상황에서 비의 값을 이용하여 문제를 해결하도록 하는 것이 수학적으로 더 좋은 학습이라고 생각합니다.

우등생이 되는 세 번째 비결, 정의를 부정해봅니다

 정의를 고민하다 보면 개념이 넓어진다

세 번째 비결은 앞에서 중요하다고 주장했던 정의 자체를 고민해보는 것입니다. 정의를 그냥 수동적으로 받아들여서 외우기 전에 왜 그렇게 정의했을까, 그렇게 정의하지 않으면 무슨 일이 벌어질까 하고 고민해보자는 것입니다. 그런데 이런 주장에 대해서는 수학교사들 중에도 동의하지 않는 경우가 있습니다. 수학을 정의의 학문이라고 보면 수학자들의 합의에 의해 만들어진 정의는 어차피 변하지 않는다는 것이지요. 하지만 역사적으로 수학자들도 처음에 정의를 만들 때는 고민을 했습니다. 아이들이 수학자가 되어 정의를 만든 과정을 경험하는 것은 중요한 학습 과정이 될 수 있습니다.

정의를 부정하여 다른 정의를 만들자는 것은 아닙니다. 정의가 생긴 배경과 고민을 생각하다 보면 자기주도적인 학습을 할 수 있는 동기가 유발된다는 것입니다. 그래야 정의를 학습하는 과정에 아이의 감정이 이입되어 보다 정확히 이해됩니다.

그런데 정의를 부정하는 생각은 교과서나 다른 어떤 책에서도 찾아보기가 쉽지 않다는 것이 문제입니다. 수학교사들도 정확하게 생각해내지 못할 수 있습니다. 답은 없다는 뜻입니다. 그러나 과정 자체는 다른 수학 개념과 연결성을 강화하는 중요한 사고가 됩니다.

아이들은 초등학교 3학년에 분수를 처음 배웁니다. 분수 $\frac{1}{3}$은 어떤 물건을 세 조각으로 똑같이 나눈 것 중 하나입니다. 단순히 나눈 것이 아니라 똑같이 나눈다는 것이 중요합니다. 이때 똑같이라는 말을 부정해봅니다. 똑같이 나누지 않으면 어떻게 될까요? 크고 작은 조각이 나오겠지요. 그럼 작은 조각을 받게 되는 아이는 억울할 것입니다. 이렇게 정의를 부정하는 과정을 통해서 똑같이라는 조건의 중요성을 이해할 수 있다면 분수에 대한 이해력이 강화됩니다.

똑같이 나누는 분수의 개념은 이후 모든 분수의 사용에서 아주 중요한 역할을 합니다. 그리고 분수의 마지막 사용처는 고등학교 수학의 확률입니다. 아이들이 틀리는 확률 문제 중에 주사위 문제가 있습니다. 주사위 문제를 틀리는 이유는 주사위가 너무 친절하기 때문입니다. 주사위라고 하는 것은 정육면체, 그러니까 모든 면이 **똑같이** 생겨서 어느 면이든 나올 확률이 $\frac{1}{6}$입니다. 주사위라는 조건이 **똑같이**를 보장해주는 것이지요. 그래서 아이들은 주사위 문제를 풀 때 **똑같이**라는 중요한 개념을 의식하지 않습니다. 그래서 주사위를 두 개 던져서 나오는 (1, 2)와 (2, 1)을 하나로 칠지 두 개로 칠지 고민하다 결국 하나로 치고 마는 아이들이 90퍼센트입니다. **똑같이**라는 개념을 생각해내서 두 개로 쳐야 한다고 정확히 주장하는 아이가 10퍼센트에 불과한 것입니다. 다음은 2005년 대학수학능력시험 수리영역 29번 문제입니다.

29. 두 개의 주사위를 동시에 던질 때, 한 주사위 눈의 수가 다른 주사위 눈의 수의 배수가 될 확률은? [4점]

① $\frac{7}{18}$　② $\frac{1}{2}$　③ $\frac{11}{18}$　④ $\frac{13}{18}$　⑤ $\frac{5}{6}$

주사위 두 개를 던지는 사건이므로 전체 경우의 수는 $6 \times 6 = 36$입니다. 36가지를 나열하면 (1, 1), (1, 2), (1, 3), (1, 4), (1, 5), (1, 6), (2, 1), (2, 2), …, (6, 3), (6, 4), (6, 5), (6, 6)이 됩니다. 이 중 배수가 되는 경우를 고르면 22가지가 나옵니다. 그래서 답은 $\frac{22}{36} = \frac{11}{18}$. ③번입니다. 그런데 이 시험을 채점한 결과 놀라운 일이 벌어졌습니다. ③번을 택한 아이

는 30퍼센트밖에 되지 않았고, 60퍼센트나 되는 아이들이 ①번을 정답으로 체크했습니다. ③번과 ①번의 차이는 36가지 중 8가지입니다. 8가지는 (1, 2)와 (2, 1)을 별개로 칠 것인가 하나로 칠 것인가 사이의 고민입니다. 분수로 나타내는 확률은 초등에서 나온 분수의 개념인 똑같이가 적용되어야 하기 때문에 별개로 쳐야 합니다. 36가지의 경우가 똑같이 취급되어야 하기 때문에 (1, 2)와 (2, 1)은 같은 것이 아닙니다. 분수 개념이 정확히 적용되지 않으면 확률 문제를 제대로 해결하는 것이 불가능합니다.

정사각형의 정의는 무엇인가요? 네 변의 길이가 모두 같은 사각형일까요? 이렇게 하면 마름모가 될 수도 있기 때문에 네 각의 크기도 모두 같아야 합니다. 그러니까 정사각형의 정의는 '네 변의 길이가 모두 같고, 네 각의 크기도 모두 같은 사각형'입니다. 그럼 정삼각형의 정의는 무엇일까요? '세 변의 길이가 모두 같고, 세 각의 크기도 모두 같은 삼각형'일까요? 아닙니다. 정삼각형의 정의는 그냥 '세 변의 길이가 같은 삼각형'입니다. 정삼각형의 정의에는 변의 길이에 대한 규정만 있지 각에 대한 규정은 없습니다. 왜 세 각의 크기가 모두 같아야 한다는 말이 없을까요? 이런 것을 고민하는 것이 정의에 대한 고민입니다.

50년 가까이 중1 교과서 맨 처음에 나왔던 '집합'이 이제 고1로 올라갔습니다. 집합에서 공집합은 굉장히 어려운 개념입니다. 집합의 정의는 '그 대상(원소)이 분명한 것들의 모임'인데, 원소가 하나도 없는 것이 공(空)집합입니다. 좀 이상한 느낌이 들지요. 아무것도 없으면 집합이 아니어야 하는데 왜 (공)집합이라고 할까요? 공집합에 대한 고민 역시 교과서나 다른 책에서는 쉽게 찾아볼 수 없습니다. 아이가 나름 이유를 생각하고 고민하는 그 자체가 사고력을 키우는 좋은 기회가 되므로 이런 고민을 하는 게 손해 보는 일은 아닙니다.

이제 중1 첫 단원에서는 소수(素數, prime number)를 배웁니다. 소수와 합성수를 구분하지요. 소수는 '약수가 1과 자기 자신뿐인 수'인데, 1은 소수도 합성수도 아닙니다. 의미로 보면 소수로 분류되어야 하는데 소수가 아니라고 하니 황당하지요. 이 순간, '그냥 그렇다고 하니까….' 하고 넘어갈 수도 있지만 왜 그렇게 정했는지를 고민해보면 중요한 공부가 됩니다. 아무런 고민 없이 나중에 고등학생이 되면 소수의 정의를 까먹거나 1이 소수가 아니라는 사실을 까먹게 되지요.

정리하자면, 정의를 고민하면 정의에 대한 개념이 풍성해집니다. 정의 그 언저리로 배경지식이 넓어지는 효과를 누릴 수 있지요. 정의가 아닌 것까지 생각의 범위를 넓히면 아이의 사고가 굉장히 넓어집니다.

우등생이 되는 네 번째 비결,
다양한 방법으로 풀어봅니다

 다양한 접근법을 찾는다

네 번째 비결은 '정답은 하나뿐'이라는 관념에서 벗어나는 것입니다. 수학이 폐쇄적이라는 생각을 갖게 되면 더 이상 수학에 호감을 가질 수 없습니다. 수학을 좋아하는 아이들에게 수학이 왜 좋은지 물어보면 상당수가 '답이 하나라서' 좋다고 합니다. 그러나 수학을 진짜 좋아하는 고수는 '다양해서' 좋다고 답합니다. 답이 정확하고 하나여서 좋은 측면도 있겠지만 진짜 수학 잘하는 아이는 오히려 사고과정이 다양하고 푸는 방법도 여러 가지라서 수학을 좋아합니다. 조건이 불명확하고 불충실한 상태에서 조건을 첨가해가며 문제를 만들 수 있는 데까지 가보면 한 가지 답이라는 것이 존재하지 않는 개방형 문제도 있습니다. 그런데 우리나라 수학 문제는 대부분 폐쇄형이기 때문에 아이들은 답이 다양할 수 있는 개방형 문제를 경험할 일이 별로 없습니다. 답이 여러 개인 수학 문제를 내면 학부모들이 항의하며 민원을 내기도 합니다. 교사들은 말썽의 여지를 줄이기 위해 가급적 답이 하나이고 심지어는 풀이 과정도 하나뿐인 문제를 서술형으로 출제하지요. 학교 시험은 그렇더라도 수학은 답이 하나인 학문이 아닙니다. 절대로 풀이 과정이나 정답이 하나라는 생각을 버려야 다양한 생각을 할 수 있지요.

두 자리 세 자연수의 평균 구하기

세 수 18, 27, 39의 평균을 구해보세요. 평균을 구하려면 세 수를 더해 3으로 나누면 됩니다. 초등학교 3학년이면 계산할 수 있지요. 28이 나옵니다. 보통은 세 수를 차례로 더해 84가 나오면 그것을 3으로 나누어 28을 얻습니다. 똑같은 방식의 문제를 100개 푼다고 생각해보세요. 아이의 사고에 어떤 영향을 끼칠까요? 단순하고 지루한 계산을 반복하게 되기 때문에 수학에 대한 부정적인 생각만 키우게 되겠지요. 그럼 이 문제를 여러 가지 방법으로 해결해봅시다.

대충 보니까 평균이 30 정도 될 것 같습니다. 18을 20으로, 27을 30으로, 39를 40으로 보면 20, 30, 40의 평균은 30입니다. 이것은 실제를 약간씩 부풀려 얻은 값이니 실제 평균은 30보다는 작을 것이라는 추측이 가능합니다. 얼마나 부풀려졌는지를 보면, 18에서는 2, 27에서는 3, 39에서는 1이 부풀려졌습니다. 전체적으로 6이 늘어난 것이지요. 그런데 평균적으로 보면 2가 늘어난 것이니까 실제 평균은 30에서 2가 부족한 28이 될 것으로 계산할 수 있겠지요. 이런 방법은 가평균(假平均)이라는 수학적 사고를 사용한 것인데, 아쉽게도 가평균은 우리나라 교육과정에는 없습니다. 그러나 문제를 해결하는 전략으로써 꼭 지도되어야 할 중요한 사고입니다.

어떤 아이는 가운데 27을 기준으로 삼아 18에서 모자란 9와 39에서 남는 12를 계산하는 방법을 사용합니다. 결국 3이 남는 것이니까 평균으로 따지면 1이 더해져야 합니다. 즉, 기준인 27보다 1 큰 수 28을 평균으로 구할 수 있습니다. 가평균의 전략과 비슷하기는 하지만 또 다른 방법입니다.

이번에는 각각을 3으로 미리 나눠보겠습니다. 이 방법은 모든 수가 3의 배수인 이 문제만의 특수한 방법이기는 합니다. 어쨌든 각각을 3으로 나누면 6, 9, 13이 되고, 이를 더해 나온 28이 평균이 됩니다. $\frac{a+b+c}{3} = \frac{a}{3} + \frac{b}{3} + \frac{c}{3}$ 를 이용한 방법이지요.

다음은 초등학교 2학년 문제입니다. 어떤 엄마가 고민을 많이 하다가 보내주었지요. 아이가 풀지 못한 이유는 여러 가지겠지만, 우선 문제의

지시가 정확하지 않은 부분이
있습니다. '보기와 같은 규칙'
이라는 말의 의미가 명확하지
않아요. 이 고비를 넘어야 문
제를 풀려고 하겠지요. '보기와
같이 삼각형의 바깥쪽 세 수 4,

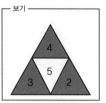

3, 2를 이용하여 가운데 5를 만들었다.' 정도의 설명이 있으면 좋겠지요.
엄마의 또 다른 고민은, 정답이 여러 개일 수 있는데 해답에 제시된 것
은 하나뿐이라는 것입니다. 수학에서는 정답이 하나가 아니라는 제 강
의를 듣고 그 예로 참고가 될까 해서 보내준 것이지요. 해답에는 36만
나와 있다고 합니다. 그것은 삼각형의 왼쪽에 있는 4와 3을 더한 후 오
른쪽 2를 빼는 연산으로 5를 만들었다고 생각한 것입니다. 이대로 계산
하면 45+14에서 23을 빼면 되므로 36이 나옵니다.

　이런 문제는 아이들을 힘들게 할 수 있습니다. 답이 여러 개 나올 수
있기 때문입니다. 그런데 만약 엄마나 선생님이 채점을 하는 과정에서
36을 제외한 나머지 생각을 무시하게 되면 아이들은 억울한 나머지 결
국 수학을 싫어하게 될 수도 있습니다. 또 수학을 융통성 없는 답답한
과목으로 인식할 수 있습니다.

　사고를 다양하게 하면 37이란 답도 나옵니다. 왼쪽 삼각형에서 5가
나온 근거로 아래쪽 두 수 3과 2를 더했다고 생각한 것입니다. 그래서

오른쪽 삼각형에서 14와 23을 더하면 37이 나옵니다. 세 수를 이용하지 않고 두 수만 이용했으니 틀렸다고 할 수도 있지만 문제의 조건에서 세 수를 '모두' 이용하라는 정확한 규정이 없으므로 두 수를 이용해도 상관이 없다고 생각하는 것이 교육적입니다. 세 수를 이용하란 말은 셋 중 아무거나 이용해도 된다는 말이니까요.

54라는 결과도 나옵니다. 왼쪽 삼각형에서 위치에 연연하지 않고 세 수 중 큰 수 두 개를 더하고 가장 작은 수를 빼는 것으로 규칙을 파악한 것입니다. 1,021이 될 수도 있습니다. 왼쪽 삼각형의 계산 규칙을 $4 \times 2 - 3 = 5$라고 보면 1,021이 나옵니다. 조금 복잡하지만 $15\frac{22}{23}$라는 답도 나옵니다. 이것은 $4 \div 2 + 3 = 5$라는 규칙을 적용한 것입니다.

이렇게 쉬운 문제도 다양한 방법을 찾아 고민하다 보면 사고력이 향상되는 것은 물론, 수학의 다양성에 대해 알게 될 것입니다. 수학이 경직된 과목이 아니라 자유롭게 생각을 키워주는 과목이라고 생각하게 될 것입니다. 아이가 수학을 좋아하게 되는 계기가 될 수도 있습니다.

다각형 내각의 크기 합 구하기

중1 교과서에 다각형 내각의 크기 합을 구하는 공식이 나옵니다. n각형 내각의 크기 합을 구하는 공식은 $180° \times (n-2)$입니다. 이것을 유도하는 과정이 개념학습입니다. 그런데 공식의 유도가 끝나면 바로 이 공식을 적용해서 문제를 풉니다. '칠각형의 내각의 크기를 구하시오'라는 문제가 나오면 이 공식의 n에다 7을 대입해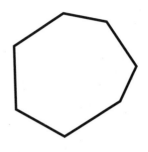
서 풀지요. 그러면 칠각형 내각의 크기 합은
$180° \times (n-2) = 180° \times 5 = 900°$. 답은 900도가
됩니다. 이런 식으로 문제를 풀면 아무리 많
이 풀어도 아이의 사고력 향상에는 별 도움
이 되는 게 없습니다.

여기서 공식을 이용하지 않고 정의나 개념을 이용하는 방법은 무엇
일까요? 우선 칠각형을 삼각형으로 쪼개는 방법을 생각해볼 수 있습니
다(그림 가). 그러면 삼각형이 5개가 나오므로 칠각형의 내각 크기의 합
은 $180° \times 5 = 900°$. 답은 900도가 됩니다.

한편 공식을 계속 쓰다 보면 그 공식이 어떻게 나왔는지 까먹게 됩니
다. 그 과정을 생각하고 강화하는 과정이 더 이상 없기 때문에, 나중에
그런 사고가 필요한 상황에서 그 과정을 생각해내지 못하지요.

공식에서 n에 7을 넣는 것은 그야말로 추상적인 식에다가 또 추상적

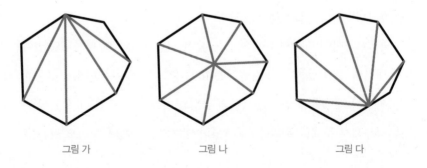

그림 가   그림 나   그림 다

인 숫자를 넣어 계산하는 것입니다. 공식을 외웠더라도 n에 왜 7을 넣었는지 반성하는 일이 필요합니다. 삼각형으로 쪼개는 과정에서 얻어진 결과라는 것을 생각하고 넘어가야 진정한 공부가 됩니다.

30분 수학 57 공식에서 벗어나 여러 가지 방법을 고민해본다

더 좋은 공부는 저것을 다른 방법으로 해결할 방법이 없을지 고민하는 것입니다. 가운데 점을 하나 찍고 삼각형을 만들어봅시다(그림 나). 삼각형이 7개가 됐습니다. 그럼 1,260도가 됩니다. 아까는 900도였으니 답이 다르네요. 어떻게 된 일일까요? 가운데 7개의 각이 생겨났기 때문입니다. 7개 각이 각각 몇 도씩인지는 몰라도 다 더하면 360도입니다. 바깥에 있는 각의 크기 합만 구하면 되니까 360도를 빼내면 됩니다. 그럼 다시 900도라는 답이 나옵니다.

한 가지 더 생각해볼까요? 변 중간에다가 그냥 점을 하나 찍어서 막 연결했더니 조개 모양으로 삼각형이 6개가 생겼습니다(그림 다). 180을 곱하니까 1,080도가 되네요. 어라? 또 커졌네요. 왜 커졌을까요? 변 중간에 붙어 있는 부분이 본래 없었지요. 그 부분이 180도니까 그만큼 빼면 다시 900도라는 답이 나옵니다.

이렇게 공식을 떠나면 많은 생각을 할 수 있습니다. 그리고 이것이 바로 수학적 사고력이 발휘되는 모습입니다. 공식만 열심히 외우는 아이들은 공식에 딱 맞는 문제가 아니면 어려워합니다. 공식을 정확히 외우지 못했거나 기억이 나지 않으면 문제 푸는 것을 포기하는 경우가 많다는 것입니다.

결국, 문제를 해결하는 다양한 사고력을 키우는 것이 중요합니다. '다양한'이라는 말은 생각이나 아이디어가 여러 가지라는 것, 즉 문제를 해결하는 방법이 다양하다는 것입니다. 더 중요한 것은 각 방법의 장점과 단점을 연결하는 사고인데, 아이들의 사고가 여기까지 가면 최고라고 봅니다.

예를 들어 중2 때 배우게 되는 일차연립방정식을 해결하는 데는 가감법으로 해를 구하는 방법이 있고, 일차방정식을 직선으로 생각하여 두 직선의 교점을 구하는 방법이 있습니다. 그럼 두 방법의 관계를 생각해보고 어느 것이 더 고차원의 좋은 사고인지 고민해보는 것입니다. 이것을 최적화라고 합니다. 여러 가지 아이디어 중에서 가장 좋은 게 뭔지 생각해보자는 것인데, 아이들의 능력으로 정확하게 알 수 없다 하더라도 이렇게 사고를 비교하는 과정 그 자체로 훌륭한 사고력을 키울 수 있습니다. 최적화는 나중에 성인이 되어 사회생활을 할 때도 대단히 중요합니다.

우등생이 되는 다섯 번째 비결, 심층구조를 파악합니다

 모든 개념을 연결한다

　다섯 번째 비결은 연결성입니다. 수학의 개념 사이에는 연결되는 부분이 있습니다. 조금 과장되게 표현하면 '수학 개념은 모두 연결된다'고 할 수 있습니다. 이것을 문제에 적용하면 문제마다 표층(表層)구조, 즉 눈에 보이는 구조가 있지만 여러 문제 속에 일관되게 흐르는 심층(深層)구조도 있다는 것입니다. 표층구조만 볼 수 있는 아이에게 수학은 모든 문제가 떨어져 있어 공부할 것이 많은 과목이지만, 심층구조를 볼 줄 알게 되면 그때부터 많은 문제가 하나로 연결되어 수학은 공부할 게 별로 없는 과목이 됩니다. 여기까지 가는 게 쉽지 않겠지만 이것을 목표로 삼아야 할 것입니다. 이는 개념학습의 결과로 가능합니다. 개념적이고 관계적인 학습을 하는 아이에게만 연결성이 생깁니다. 연결성이 커지면 많은 것이 연결되므로 많은 개념들이 하나로 통합됩니다.

사실 초등수학 이후에 나오는 개념 중 초등수학과 연결성이 없는 전혀 새로운 개념은 별로 없습니다. 조금 극단적인 표현이기는 하지만 중·고등학교에서 배우는 수학은 초등 개념과 무관한 것이 많지 않습니다. 초등수학이 그만큼 중요하다는 것입니다. 따라서 초등수학에서 개념학습이 되어 있지 않은 아이에게 일찍이 중등수학을 가르치면 중등수학을 연결할 기반이 없어 어렵다고 느끼게 됩니다.

초등학교 때 배운 개념과 연결되지 않는 수학 개념이 별로 없다는 것은 초등학교에서 개념학습을 튼튼히 해줘야 한다는 뜻입니다. 예를 들어 중2 교과서에는 연립방정식의 활용 문제로 다음과 같은 문제가 흔히 나옵니다.

1) 아빠와 지은이의 나이 합은 58이다. 그리고 두 사람의 나이 차는 28이다. 아빠와 지은이의 나이는 각각 몇 살인가?

2) 학과 거북이가 모두 30마리 있다. 이들 다리 수의 합이 82라면 학과 거북이는 각각 몇 마리인가?

이런 문제는 중2 교과서에도 나오지만 중1 교과서에도 나옵니다. 아직 연립방정식의 기술을 사용할 줄 모르는 중1은 어떻게든 문자를 하나만 사용하여 식을 하나로 만들어야 합니다. 중2가 되면 연립방정식을 활용하게 되므로 두 문자를 사용하여 식을 두 개로 만들어 풀 수 있습니다. 첫 번째 문제에서 아빠와 지은이의 나이를 각각 x, y라 하면 $x+y=58$, $x-y=28$이라는 두 개의 식이 나옵니다. 두 번째 문제에서 학과 거북이의 마리 수를 각각 x, y라 하면 $x+y=30$, $2x+4y=82$라는 두 개의 식을 만들 수 있습니다. 여기서 가감법 등의 기술을 이용하면 답을 구할 수 있습니다.

그러나 놀라운 사실은 이런 문제들이 모두 초등 수준에서 해결했던 문제라는 것입니다. 초등에는 문제해결전략으로 '예상과 확인'이라는 것이 있습니다. 첫 번째 문제에서 만약 아빠와 지은이의 나이를 각각 40, 18이라고 하면 두 사람의 나이 차는 22입니다. 차가 더 벌어져야 하므로 아빠의 나이를 늘리고 지은이의 나이를 줄이는 방향으로 1씩 바꿔봅니다. 이제 아빠와 지은이의 나이를 각각 41, 17이라고 하면 두 사람의 나이 차는 24입니다. 다시 두 사람의 나이를 42, 16이라고 하면 차는 26, 두 사람의 나이를 43, 15라고 하면 나이 차는 드디어 28이 나옵니다. 여러 번의 시행착오 끝에 아빠와 지은이의 나이는 각각 43세, 15세임을 구할 수 있습니다.

두 번째 문제는 조선시대 우리 선조들이 사용한 학거북산이라는 문제입니다. 이것도 '예상과 확인'이라는 문제해결전략으로 해결할 수 있습니다. 해결은 독자들의 몫으로 남겨둡니다.

　이런 문제는 또 있습니다. 초등학생들과 중학생들을 데리고 수학체험여행을 나가면 꼭 측정활동을 합니다. 탑이나 건물의 높이를 재는 것입니다. 이 과정에서 이용하는 것은 초등 5학년에 나오는 '삼각형 그리기'입니다. 한 변의 길이와 양 끝각의 크기를 알면 삼각형을 그릴 수 있지요. 그러면 탑이나 건물의 높이를 잴 수 있답니다. 그런데 중3에 배우는 삼각비 중 탄젠트를 이용하면 삼각형을 정확히 그리지 않고도 높이를 구할 수 있지요. 그런데 탄젠트는 직각삼각형에서 높이와 밑변의 비를 말합니다. 그러므로 탄젠트의 기본개념은 초등 5학년에 나오는 비가 되지요. 중3의 탄젠트가 초등의 비 개념에 연결되면 이는 새로운 개념이 아니라 단지 직각삼각형에서 높이와 밑변의 비에 불과한 것이 되지요.

　1장에서 고등학교 확률 문제를 하나 소개했습니다(020쪽). 그 문제를 풀 때 필요한 확률 개념은 확률의 정의 그 자체입니다. 확률은 분수로 표현됩니다. 그리고 분수의 정확한 개념은 초등학교 3학년에서 가르치고 있습니다. 분수는 각각 똑같은 크기를 가지고 있을 때만 의미가 있습니다. 사과 하나를 똑같이 네 조각으로 나눴을 때, 즉 4등분했

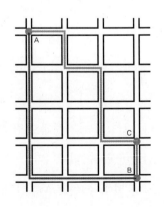

을 때만 그 하나를 $\frac{1}{4}$이라고 합니다. 확률은 분수로 나타내기 때문에 분수의 개념을 정확히 적용해야만 합니다. 그러므로 $\frac{20}{35}$, 즉 단위분수 $\frac{1}{35}$이 20개 있다고 말하려면 처음부터 $\frac{1}{35}$이라는 분수가 의미가 있어야 합니다. $\frac{1}{35}$의 정의는 무엇입니까? 어떤 것을 35개로 똑같이 나눴을 때 그중 하나를 의미합니다. 그러면 이 문제에서 35가지의 경로가 똑같다는 것을 보장할 수 있나요? 그림에서 'ㄴ'자 길을 선택할 가능성은 갈림길을 네 번 만나므로 $\frac{1}{16}$이며, 지그재그로 된 길을 선택할 가능성은 갈림길을 여섯 번 만나므로 $\frac{1}{64}$입니다. 가능성이 서로 다르지요. 따라서 이는 분수의 개념에 맞지 않습니다. 그래서 그 풀이에 문제가 있다는 것입니다.

 심층구조와 표층구조

다음 세 문제를 봅시다.

〈문제 1〉은 가격의 인상과 인하에 대한 문제입니다.

〈문제 1〉 두 상점 A, B에서 어떤 상품의 현재 가격이 똑같다. 두 상점 이 다음과 같이 가격을 바꿨을 때 어떤 변화가 일어나겠는가?

　　A) 가격을 a% 인상했다가 a% 인하했다.

　　B) 가격을 a% 인하했다가 a% 인상했다.

이 상황에서 두 가지 질문이 가능합니다.

1) 어느 가게의 최종 가격이 높을까?

2) 두 가게의 최종 가격은 최초의 가격에 비해 어떻게 달라질까?

구체적인 수치를 넣어 계산하지 않고는 짐작이 쉽지 않은 문제입니다. 짐작만으로는 A 상점의 가격이 높을 거라는 추측이 많을 수 있습니다. 그리고 두 집 가격이 똑같다는 결론을 얻고는 최종 가격 역시 최초 가격과 같을 거라는 추측을 합니다. 하지만 최종 가격은 최초 가격보다 낮아집니다. 왜 그럴까요? 잠시 생각을 해본 다음 〈문제 2〉를 봅니다. 〈문제 2〉는 도형의 넓이의 변화에 대한 문제입니다.

〈문제 2〉 어떤 삼각형이 있다. 다음 두 가지 경우의 넓이 변화에 대하여 설명하여라.

A) 삼각형 긴 변의 길이를 10% 늘리고, 짧은 변의 길이를 10% 줄이는 경우

B) 삼각형 긴 변의 길이를 10% 줄이고, 짧은 변의 길이를 10% 늘리는 경우

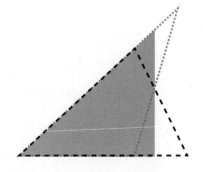

이 상황에서도 두 가지 질문이 가능합니다.

1) 어느 경우의 삼각형의 넓이가 클까?
2) 두 경우의 최종 넓이는 최초의 넓이에 비해 어떻게 달라질까?

〈문제 2〉도 〈문제 1〉과 마찬가지로 구체적인 수치를 넣어 계산하지 않고는 짐작이 쉽지 않습니다. 짐작만으로는 A 삼각형의 넓이가 클 거라는 추측이 많을 수 있습니다. 그리고 두 삼각형의 넓이가 똑같다는 결론을 얻고는 최종 넓이 역시 최초 넓이와 같을 거라 추측합니다. 하지만 최종 넓이는 항상 최초의 넓이보다 작아집니다. 왜 그럴까요? 어느 정도 생각이 되었으면 다음 〈문제 3〉을 봅니다. 〈문제 3〉은 무리수의 크기를 비교하는 문제입니다.

〈문제 3〉 다음 세 실수의 대소 관계를 비교하여라.
A) $\sqrt{4}+\sqrt{6}$ B) $\sqrt{3}+\sqrt{7}$ C) $\sqrt{2}+\sqrt{8}$

아이들은 제곱을 하여 그 크기를 비교할 수 있습니다. 그러면 A가 가장 크다는 것을 알 수 있습니다. 이렇게 되면 앞의 〈문제 1〉, 〈문제 2〉와 연결성이 없이 문제를 해결할 수 있습니다. 그래서 다시 문제를 바꿉니다.

D) $\sqrt{4999} + \sqrt{5001}$ E) $\sqrt{4998} + \sqrt{5002}$ F) $\sqrt{4997} + \sqrt{5003}$

이번에는 제곱을 하기가 어렵습니다. 큰 수를 곱해서 그 크기를 비교해야 하기 때문입니다. 대부분의 아이들은 이내 계산을 포기합니다. 귀찮기 때문이지요.

세 문제는 겉으로는 서로 무관한 문제로 보입니다. 표층구조만 보게 되는 사람의 인지체계로는 연결성을 찾기가 어렵습니다. 〈문제 1〉에서는 관심이 가격에만 가 있다가 〈문제 2〉에서는 넓이를 구하는 것에 관심이 집중됩니다. 그러다 무리수의 대소를 비교하는 〈문제 3〉으로 가면 그 숫자의 복잡함에 정신을 잃습니다. 이들 역시 표층구조만으로는 연결이 잘 안 됩니다. 세 문제를 관통하고 있는 심층구조를 파악하는 것이 습관화되어 있지 않기 때문입니다.

이런 경우 개념학습이 습관화되어 있는 아이는 세 문제의 일관된 흐름을 파악할 수 있습니다. 물건의 가격이 처음보다는 나중에 떨어지고, 삼각형의 넓이도 처음 넓이보다 나중 넓이가 작아지는 것을 보고 뭔가 관계가 있음을 직감합니다. 세 문제에 흐르는 심층구조는 변화의 합이 일정하다는 조건하에서 두 변화의 곱을 구하고 있다는 점입니다. '두 수의 합이 일정할 때 곱은 두 수가 같을 때가 최대'라는 수학적 개념을 사용하고 있습니다. 이 개념은 고1에서 산술평균과 기하평균의 관계를 충분히 이해한 이후에 볼 수 있는 심층구조입니다. 문자와 수식을 사용하는 것과 도형의 넓이를 구하는 것 그리고 무리수의 대소 관계를 비교하는 과정도 하나로 연결될 수 있습니다. 각 문제마다 표층구조는 달라 보이지만 그 밑에 흐르는 개념, 즉 심층구조는 하나인 것입니다.

세 문제를 풀고도 각각의 풀이에만 집착하느라 심층에 흐르는 개념을 보지 못한다면 학습의 효과는 50퍼센트도 되지 못하면서 머리만 복잡해집니다. 그러나 심층구조를 파악하는 수준이 되기는 사실 어렵습니다. 그리고 완벽한 수준에서 심층구조를 파악하는 것도 쉽지 않고요. 그러나 심층구조를 파악하려는 시도가 곧 사고를 넓히는 중요한 수단이 될 수 있습니다. 그 과정 자체가 아이들의 사고력을 향상시켜 주므로 주저할 필요는 없습니다. 어려운 심화문제를 푸는 것보다 효과가 큽니다. 심화문제는 답이 있기 때문에 능력이 안 되면 해답을 보고 암기할 우려가 다분하지만 심층구조는 답이 안 보이기 때문에 아이에 따라 무한한 노력을 할 수 있습니다.

 수학을 공부하는 최고의 방법은 자기주도적 개념학습과 표현학습이다

그렇다면 수학을 제대로 공부하는 방법은 과연 무엇일까요? 수학을 싫어하고 어려워하는 아이들이 많은 만큼 수학을 공부하는 방법도 여러 가지입니다. 학생으로서 수학을 20여년 공부하고, 교사로서 30년 이상 수학을 가르친 경험을 정리해보자면, 수학을 공부하는 최고의 방법은 원리와 개념을 깊이 있게 공부하고 서로간의 연결성을 많이 만들어놓는 것입니다. 그 이후에 문제를 풀어야 개념을 이용해서 풀 수 있습니다.

그런데 이 개념학습은 아이 스스로의 설명과 표현을 통해서만 가능하다고 했습니다. 그래서 그 설명과 표현을 아이가 경험하도록 부모가 하루 30분을 듣고 점검하는 시간으로 배정하도록 당부했지요. 이런 자기주도적 학습 습관이 적어도 중학교 졸업 전까지는 형성되어야 고등학교에 가서 갑자기 몰아치는 많은 내용을 소화할 수 있습니다.

우리나라 교육제도에서는 중학교 1학년이 수학의 고비입니다. 갑자기 낮아지는 수학 점수에 90퍼센트 이상의 아이와 부모들이 좌절을 겪습니다. 중1 시험에서 90점을 넘는 10퍼센트 아이들도 좌절을 하지는 않지만 잠재적 좌절감 대기자들입니다. 왜냐하면 수학시험은 1년에 네 번이나 실시되기 때문에 언제든 90점 이하로 맞을 가능성이 존재하기 때문입니다.

다른 나라에 비해 엄청나게 많은 내용을 무리하게 짧은 시간에 억지로 집어넣는 교육과정을 가진 우리나라 현실에서 아이들은 수포자가 되기 위한 잠재력을 항상 가지고 있습니다. 그래서 수학의 자기주도적 개념학습의 내공을 쌓아야 합니다. 이를 위해 부모가 괴롭고 힘들어도 '하루 30분 수학'을 실천해야 하고요. 하루 30분으로 우리 아이의 수학 학습이 성공한다면 못할 일도 아닙니다. 문제는 확신입니다. 가능하지 않다고 느끼는 순간 사교육에 맡기는 일이 시작되고, 사교육은 한 번 시작되면 고3까지 끊을 수 없습니다.

아이가 자기 스스로 자신의 학습 상태를 정확히 파악하게 되고, 그렇게 스스로 책임감을 가지고 공부 계획을 세우는 자기주도적 학습 습관은 한 번 형성되기만 하면 이후 부모가 더 이상 간섭하고 시간을 들이지 않아도 됩니다. 이 습관을 빨리 습득하는 아이는 3개월도 걸리지 않습니다. 그러나 1년 이상 걸리기도 합니다. 그래도 1년 정도라면 하루 30분을 투자하지 못할 부모가 없을 것입니다.

대한민국 부모들이 하루 30분 투자로 아이들의 자기주도적 수학 개념학습 습관을 형성할 수 있다면 이 책은 무한한 가치가 있을 것입니다. 보다 많은 부모들이 이 책을 통해서 아이에게 행복한 미래를 보장하는 계기를 마련해줄 수 있기를 간절히 바랍니다.

하루 30분 수학
도약 단계

수학 최상위권이 되기 위한 비결 핵심 정리

비결	핵심 내용	확인 가능한 신호
1	수학적 민감성을 키운다	– 밥상머리에서 '수학' 얘기를 꺼낸다. – TV를 볼 때나 길을 걸을 때, 일상생활에서 보고 듣는 것을 수학과 연결시켜 이야기한다.
2	공식보다는 정의를 이용한다	– 정의를 이용하여 공식이 만들어지는 경험을 하고 싶어 한다. – 공식을 스스로 만들어보며 자기도 수학자라고 뻐긴다.
3	정의를 부정해본다	– '왜 이렇게 정의했을까?' 하고 의심하며 나름의 이유를 찾아 말한다. – '나라면 이렇게 정의했을 텐데….' 하며 나름의 정의를 만든다.
4	다양한 접근법을 찾는다	– 한 문제를 푸는 여러 가지 방법을 고안해낸다. – 공식을 이용한 풀이와 개념을 이용한 풀이의 장단점을 스스로 설명한다. – 기발한 풀이를 발견하고는 기뻐한다.
5	심층구조를 파악한다	– 여러 문제에 걸친 심층구조를 파악하려고 노력한다. – 문제를 해결하는 것에서 만족하지 않고 일반화된 생각을 만들어내려 노력한다.

5부
부모들이 궁금한 수학 Q&A

CONTENTS

아이의 수학 공부를 도와줄 때 마주치는 현실적인 고민들을 모아 답했습니다. 하루 30분 수학 대화를 실천할 때 어려움을 느끼는 문제들에 해법을 제시하고 수학 공부법에 관한 대표적인 오해들을 바로잡습니다. 학년에 구애받지 않고 읽어둔다면 효과적인 수학 학습법에 관해 많은 힌트를 얻게 될 것입니다.

부모들이 궁금한 수학
Q&A

1. 공통

Q. 어른이라고 해서 아이들이 배우는 수학을 다 알지는 못합니다. 아이가 잘 모르겠다고 하는 부분을 부모가 모를 경우에는 어떻게 하나요?

A. 부모가 수학을 다 알기는 어렵겠지요. 그렇다고 시간을 내서 공부할 형편도 되지 않으면 더욱 어렵습니다. 아이가 모르는 내용은 쉬운 부분이 아닐 테니 부모가 모르는 것이 당연합니다. 가장 좋은 방법은 교과서를 보게 하는 것입니다. 교과서에서 해당 부분을 같이 찾아주고 다시 공부하게 해주세요.

Q. 아이에게 좋은 질문, 즉 사고력을 유발하는 질문을 하고 싶습니다. 그런데 어떤 것을 물어봐야 하는지 잘 모르겠습니다. 수학적인 개념이나 전체적인 윤곽 정도는 파악하고 있어야 할 것 같은데, 그게 가능할지도 모르겠고요. 좋은 방법이 없을까요?

A. 부모가 학창 시절에 모두 수학을 잘하지는 못했을 것입니다. 그래서 막상 자녀를 위해 같이 수학을 공부하고 싶어도 선뜻 나서지 못하지요. 그러나 학창 시절보다는 지금이 마음에 여유가 있고, 시험이라는 부담이 없기 때문에 학습 효율은 좋을 것입니다. 다시 수학책을 잡고 공부하면 학생 때보다 분명 잘하게 됩니다. 그런데 수학을 어느 정도 이해했다고 해서 고차원의 질문을 바로 할 수 있는 것은 아닙니다. 두 달 정도 시도하며 차츰 다듬어가다 보면 아이의 사고에 도움이 되는 질문이 뭔지를 깨닫게 되면서 성공 확률이 높아집니다.

Q. 아이가 설명하다 잘 안 되면 짜증을 낼 때가 있습니다. 어떻게 해야 하나요?

A. 설명이 잘 안 되는 것은 개념에 대한 이해가 부족하기 때문입니다. 개념을 전혀 이해하지 못했다면 처음부터 포기했을 것입니다. 설명을 시도했다는 것은 혼자 공부할 때는 이해가 됐기 때문일 것이니 격려가 필요합니다. 그리고 다시 시간을 갖고 천천히 공부하도록 분위기를 만들어주세요. 정확한 개념을 모르기 때문에 스스로도 답답한 상태일 것

입니다. 개념을 <u>스스로</u> 찾아가게 하는 것이 중요합니다.

Q. 자기 자식은 가르칠 수 없다는 말이 명언이라는 생각이 들 때가 많습니다. 대화를 하다 보면 <u>스스로</u> 화가 치밀어 오르는 것을 느낍니다.

A. 수학 학습을 돕고자 할 때는 내 자식이지만 다른 집 아이를 가르친다고 생각해야 합니다. 객관적이고 냉정한 마음을 갖지 않으면 아이가 부모에게 개념 설명하는 것을 거부할 수 있습니다. 그리고 관계만 나빠지고 맙니다. 수학 성적에 대한 성급한 욕심을 버리고 아이의 현실을 있는 그대로 받아들이는 자세가 필요합니다.

Q. 아이의 수학 개념 설명을 듣는 일이나 문제 풀이를 확인하는 작업은 언제까지 해야 되나요? 아이 때문에 계획했던 많은 일들을 포기하는 것이 부담스럽습니다.

A. 아이의 설명을 들어주는 일은 아이에게 개념적으로 학습하는 습관과 자기주도적인 학습 습관이 자리 잡혔다고 판단될 때까지입니다. 아이가 <u>스스로</u> '왜'를 고민하기 시작하면 부모가 더 이상 물을 필요가 없겠지요. 이런 습관이 빨리 자리를 잡는 아이들은 두세 달 안에도 가능합니다. 습관이 잘 형성되었더라도 <u>스스로</u> 설명하는 것을 멈추지 않고 혼자서라도 꼭 설명하는 시간을 갖도록 챙겨주기 바랍니다.

Q. 암기식·주입식 기계적인 공부법보다 토론식 개념 사고력 공부법이 우수하다는 것은 누구나 알고 있습니다. 그러나 그렇게 공부하기에는 공부량이 많습니다. 후자의 방법으로는 그 많은 양을 학습하기가 어렵습니다.

A. 우리나라가 다른 나라에 비해 수학을 많이 가르치는 것은 사실입니다. 수학을 가르치는 분량에 대해서는 전문가들의 논란이 계속되고 있어요. 대부분은 상대적입니다. 옛날에는 이랬다, 다른 나라는 이렇다 등으로요. 제대로 연구된 것이 없다는 게 제 결론입니다. 그렇지만 이 모든 논란을 차치하고, 아무리 분량이 많아도 수학적 사고력은 키워야 합니다. 수학적 사고력과 개념 사이의 연결성을 충분히 확보하면 분량이 많아도 문제가 되지 않습니다.

Q. 수학을 싫어하는 아이를 위해 관련 도서를 몇 권 사주었더니 재미있게 읽습니다. 수학동화가 수학에 흥미를 갖고 개념을 이해하는 데 도움이 되는지 궁금합니다.

A. 수학동화나 수학 관련 서적이 많이 출간되어 다행이라 생각합니다. 2000년 이전에는 수학 관련 서적의 저자가 10여 명이 되지 않았고 책도 드물었지요. 그런데 2000년대 들어와 갑자기 많이 나오기 시작하더니 지금은 서점가에서 흔하게 볼 수 있는 것이 수학동화를 비롯한 수학 관련 서적입니다. 이는 수학을 좋아하는 계기가 될 수 있습니다. 수학 문제를 깊이 있게 풀어보면서 수학을 좋아하게 되기도 하지만 이건

쉬운 일이 아니지요. 그래서 간접적이지만 수학 관련 서적을 통해 수학에 대한 부정적인 태도가 줄어들기를 기대할 수 있습니다.

Q. 아이가 개념과 원리를 이해했다는 것을 어떻게 파악할 수 있나요? 문제 푼 것만 봐서는 공식을 이용해서 풀었는지 개념이나 원리를 이용해서 풀었는지 분간하기가 어렵습니다.

A. 설명과 표현을 통하지 않고 개념학습은 불가능합니다. 아이가 개념을 이해했다고 하는 시점보다 몇 시간 또는 며칠 후에 그 개념에 대해 다시 설명해보게 하세요. 아이가 정확하게 개념을 설명할 수 있어야 합니다. 그리고 그 설명을 부모가 이해할 수 있어야 합니다. 또 문제의 풀이과정을 설명하게 해보세요. 단순히 공식으로 풀었는지 개념이나 원리를 이용해서 풀었는지 분간할 수 있을 것입니다.

Q. 개념학습이 중요하다는 것은 알겠습니다. 공신 사이트에서도 수학은 첫째도 개념, 둘째도 개념이라고 해서 개념을 무지 강조해놓았더군요. 그렇다면 개념 위주의 공부만으로도 내신이나 수능 대비가 충분한가요?

A. 우리나라 현실에서는 짧은 시간(40~50분)에 20문제 이상을 풀어야 하므로 공식 위주의 문제 풀이 연습으로 효과를 볼 수 있기는 하지만 개념 없는 공부는 장기적인 측면에서 손해입니다. 그렇다고 개념만 적용해서 문제를 풀려고 하면 시간 안에 다 해결하지 못하는 문제가 발생

하지요. 그래서 우리나라는 개념 공부와 더불어 공식을 이용하는 공부까지 병행해야 시험에 대비가 된다는 불행한 현실 속에 있습니다. 문제를 빨리 풀기 위해서는 공식을 이용하는 방법을 익혀야 하지만 개념이 없어지는 현상은 꼭 막아야 한다는 것도 기억해야 하겠습니다.

Q. 방학 때 시간을 내서 문제집을 많이 풀게 할 생각입니다. 보통 한 번의 방학 기간에 몇 권을 푸는 게 적당한가요? 또 하루에 몇 시간 정도 수학 공부를 하면 좋을까요?

A. 아이가 능력에 부쳐서 힘들어하면 학습량을 줄여야 할 것이고, 힘들어하지 않으면 더 늘릴 수 있겠지요. 적은 학습량에도 힘들어하는 아이라면 절차적인 문제 풀이 방식만 익혀서 진도를 뺄 우려가 있습니다. 이렇게 하면 문제집 열 권을 풀어도 실력이 향상되지 않을 수 있습니다. 학습법이 중요합니다.

2. 유아 및 초등학생

Q. 유아 수학교육에 대한 논란이 많습니다. 해외에서는 유아에게 문자와 숫자 등을 가르치지 않는다고 하는데, 우리나라에서는 너도나도 초등 1, 2학년 과정을 배우네요.

A. 유아기에는 관찰력과 상상력을 키우는 데 집중해야 합니다. 문자

와 숫자 교육을 하게 되면 이후 관찰력과 상상력이 성장하기 어렵습니다. 실제로 글자를 배워서 조금씩 읽기 시작하면 아이의 그림책 보는 태도가 달라집니다. 글자를 모를 때는 그림만 보고 상상력으로 책을 읽지만 더듬더듬 글씨를 읽게 되면 그림은 관찰하지 않은 채 글씨만 읽고 다음 장으로 넘기거든요. 글자를 읽기는 했지만 이해를 한 건 아니라는 것도 문제가 되고요.

Q. 초등학교 1학년 아이를 두었습니다. 1학년이지만 아이와 공부하기 전에 교과서 내용을 충분히 보지 않으면 원활히 진행되지 않는 느낌입니다. 부모가 수학을 충분히 이해해야 아이를 도울 수 있는 것 아닌가요? 저는 시간이 충분하지는 않거든요.

A. 부모가 수학을 천천히 이해해가며 공부할 시간이 있다면 좋겠지만, 맞벌이 부부가 늘어가는 현재의 추세라면 쉽지 않을 것입니다. 그런데 '하루 30분 수학'은 오히려 시간이 없는 부모에게 더 효과적일 수 있습니다. 부모가 진짜로 모른다는 것을 알면 아이가 부모를 가르쳐서 이해시키려 할 것이기 때문입니다. 다만, 일시적으로 아이가 잘 이해하지 못한 것을 부모가 잡아주지 못하는 것이 걱정입니다만 개념적인 학습이 지속되면 아이 스스로 과거의 오개념을 수정하게 되니 여건대로 하는 것이 좋겠습니다.

Q. 초등학교 2학년 아이인데, 시간 부분의 문제 자체를 이해하지 못합니다. 무슨 말인지 모르겠다고 하네요. 문제 자체나 개념 이해가 잘 안 된 아이인데도 무조건 풀 수 있을 때까지 기다려줘야 하는 건가요? 아니면 풀 수 있게 어느 정도 설명을 해줘야 하는 건가요?

A. 시간은 일상생활에서 익혀야 합니다. 책에서만 맴돌면 책에서 본 시계와 거실 벽에 걸려 있는 시계를 같은 것으로 인식하지 못할 수도 있습니다. 아날로그시계가 집에 없으면 문방구에서 조작 가능한 장난감 시계를 하나 구입하여 가지고 놀게 해주면 도움이 됩니다.

Q. 초등학교 3학년 올라가는 남자아이인데, 2학년 수학 개념을 잘 이해하지 못하는 것 같아 해당 부분을 복습하고 있습니다. 그런데 같이 공부하다가 제가 질문을 하니까 싫어합니다. 어떡해야 할까요?

A. 3학년이 2학년 것을 모르는 게 본인에게는 상처가 될 것입니다. 그래서 아이가 자기 학년 이전 내용을 공부할 때는 좀 더 세심하게 배려해줄 필요가 있습니다. 지금 부모가 자꾸 질문하는 것도 자기의 공부를 도우려 한다고 생각하기보다 자기가 정확히 모른다는 사실을 확인하여 혼을 내려는 것으로 생각할 수 있습니다. 다그치는 것이 아니라 도와주고자 하는 순수한 의미가 전달되도록 표정과 언어 관리에 신경 써주는 게 좋겠습니다.

Q. 1학기 때부터 문제집을 풀도록 하고 있는데 아이는 늘 불만에 가득 찬 표정입니다. 이렇게라도 시키는 게 나을지, 이렇게 할 바에는 안 하는 게 나을지, 고민이 됩니다.

A. 자녀의 수학 공부에 관심이 있다는 표시로 부모가 가장 많이 하는 일은 아이에게 수학 문제집을 사주는 일입니다. 그러나 수학 공부의 시작이 시중에 파는 문제집이면 곤란합니다. 개념이 충분히 이해되지 않은 상태에서는 절차적인 공식으로 문제를 풀 수밖에 없습니다. 공식을 적용하는 것은 지극히 단순하고 지루한 일의 반복이라서 아이들의 수학에 대한 흥미와 호감도를 떨어뜨릴 우려가 있습니다. 문제집보다 우선해야 할 것은 개념에 대한 이해가 얼마나 이루어져 있는지 확인하는 일입니다.

Q. 수학 점수가 높으면 수학 개념을 잘 이해했다고 볼 수 있는 것 아닌가요? 개념을 제대로 이해했는지 판단하는 방법이 있나요?

A. 수학 점수는 시험문제를 잘 풀면 높아집니다. 수학 문제를 해결했다고 해서 그 문제에 포함된 수학 개념을 이해한 것은 아닙니다. 수학 문제는 개념으로 풀 수도 있지만 절차적인 방법만으로도 대부분 풀립니다. 직사각형의 넓이를 왜 (가로의 길이)×(세로의 길이)로 구하는지 몰라도 이 공식만 알면 가로와 세로의 길이가 주어진 직사각형의 넓이는 다 구할 수 있습니다. 그런 아이에게 왜 그렇게 구하느냐고 물어보

면, 왜 그런 질문을 하는지 반발심을 나타낼 것입니다. 아니면 '그냥' 그렇게 구하는 거라고 어물거릴 수 있겠지요.

설명이나 표현을 통하지 않고는 개념을 제대로 이해했는지 확인할 수 없습니다. 문제집을 풀라고 하기 전에 교과서의 개념을 제대로 이해했는지 하나씩 확인할 것을 권합니다.

Q. 아이에게 그날 배운 수학 내용을 물어보고 개념 설명을 부탁했습니다. 4학년이라 소수를 배우는데 소수에 대한 개념·정의를 말하는 것이 아니라 방법, 문제 푸는 요령, 소수를 읽고 쓰는 방법 등만을 설명하였어요. 개념을 교과서로 설명해주어야 할까요? 아니면 교과서 내용을 다시 읽게 하고 다시 설명해달라고 해야 할까요?

A. 이 부분이 가장 어렵습니다. 아이들은 절차적인 지식은 잘 기억합니다. 말로 표현하지 않고 묵묵히 머리로만 문제를 푸는 작업이기 때문입니다. "왜?"라는 질문을 계속 던져서 "그냥 그렇게 푸는 거야." "그렇게 하면 답이 나와." "공식이야." 대신 뭔가 이유를 댈 수 있게 만들어야 합니다. 교과서를 다시 본다면 오늘 보게 하고 내일 정도 엄마에게 다시 설명하도록 하는 것이 좋겠습니다.

Q. 초등학교 수학 문제도 문자를 사용하면 잘 풀립니다. 그런데 왜 문자를 이용한 방정식의 풀이가 중학교 1학년에 처음 나오나요? 학교에서도

문자를 사용하지 않고 푸는 것이 창의력 발달에 도움이 된다고 하는데, 잘 이해가 가지 않습니다. 선생님의 책《착한 수학》을 읽다 보니 문자를 사용하면 쉽게 풀리기 때문이라고 되어 있던데, 그럼 오히려 문자를 적극적으로 사용해야 하는 것 아닌가요?

A. 수학 공부의 목적을 분명히 하면 이해가 될 것입니다. 수학 공부의 목적이 당장 시험점수를 올리는 데 있다면 어떻게든 빨리, 쉽게 풀 수 있는 방법을 익혀야 하겠지요. 그런데 좀 더 크게 보면 아이의 사고력과 창의력을 향상시키는 것이 중요합니다. 그럼 아이의 문제 해결 과정에 보다 고되고 험난한 경험이 필요하겠지요. 그래서 초등수학 문제를 초등의 문제해결전략만으로 풀려면 풀기가 쉽지 않습니다. 문자는 머리를 덜 쓰면서 문제를 해결할 수 있는 도구가 되기 때문에 자라나는 아이들은 사용하지 않는 것이 좋고요.

Q. 지금까지 어떤 수 문제는 □를 사용하거나 문자 x, y를 사용하기도 한다고 알려주었습니다. 편하기도 하고 실수를 줄일 수도 있으니 그렇게 식을 세우도록 설명했었는데, 문자 사용을 억제해야 한다는 얘기를 들었습니다. 다시 설명해주려 하는데, 어떻게 얘기하면 될까요? 식 없이 머리로만 풀면 실수가 많습니다.

A. 문자를 쓰지 말라는 것과 식을 세우지 말라는 것이 직결되지는 않습니다. 본인의 머릿속 사고나 상황 설명으로 해결되지 않는 문제는 □

나 △를 사용해야 합니다. □를 사용하는 것은 맥락으로 푸는 것입니다. 그것이 안 되면 등식의 성질을 사용하는 것까지는 괜찮다고 봅니다.

□+7=10을 풀 때 이항을 이용하여 □=10-7=3과 같이 푸는 것이 절차적 풀이입니다. 맥락으로 푼다는 것은 얼마에 7을 더하면 10이 될까 고민하는 것입니다. 식이 좀 복잡하면 이게 잘 안 되는 경우가 있지요. 그럴 때 등식의 성질을 사용하는 것을 권장합니다. 양변에서 7을 빼는 방법이지요. □+7-7=10-7, □+0=10-7, □=3과 같이 푸는 것입니다.

Q. 개념학습이 중요하다는 것을 알고 나서 아이에게 개념에 대해 묻기 시작했습니다. 그런데 도형이나 다른 부분은 곧잘 설명하는데, 연산에 대해서는 설명하지 못합니다. 무엇이 문제인가요?

A. 연산 영역은 절차적인 면이 강해서 그렇습니다. 개념을 잘 설명하지 못하더라도 일단 절차적인 지식을 정확히 갖췄다는 것에 만족하고 넘어가야 합니다. 그렇다고 연산 영역에서 개념적인 설명을 묻지 말라는 것은 아닙니다. 계속 묻다 보면 아이도 개념적인 사고를 넓히려 노력할 것입니다.

Q. 초등 4학년 여자아이를 두었습니다. 이제 곧 5학년이 되는데, 4학년 수학 개념을 완전히 이해하지 못하고 5학년으로 올라가는 느낌입니다. 봄

방학을 활용해보려 했지만 여러 사정으로 그나마도 실패를 했습니다. 4학년 과정을 이해하지 못하면, 5학년 과정도 이해할 수 없을까요?

A. 상식적으로 말하면 수학은 위계가 강한 과목이기 때문에 4학년의 이해 부족이 5학년 학습에 영향을 미칩니다. 겨울방학이나 봄방학에 충분히 보충학습을 했어야 하는데 그마저도 실패를 했다니 안타깝습니다. 그런데 이제 와서 5학년 것을 제치고 4학년 수학에 전념할 수는 없는 일입니다. 5학년 수학이라고 해서 모두 4학년 이전의 수학을 필요로 하는 것은 아닙니다. 5학년 것을 공부하다가 필요할 때만 잠깐 내려가서 공부하고 올라오는 방식이면 됩니다.

Q. 5학년 아이인데, 4학년 1학기 교과서로 곱셈 부분을 공부하다가 세 문제 만에 자기 방으로 들어가 버리네요. 수학은 잘하고 싶은 마음이 없다면서요. 어떻게 접근해야 할까요?

A. 세 문제 만에 책을 덮은 것은 아마도 아이가 자존심에 상처를 받은 것으로 보입니다. 5학년이 4학년 것을 공부한다는 것은 누구에게도 보이고 싶지 않은 장면일 수 있거든요. 전 학년 혹은 전 학기 내용은 아이가 필요에 따라 스스로 찾아보도록 해야 합니다. 현재보다 낮은 학년의 내용을 공부하는 것은 본인의 선택이어야 합니다. 그래야 자존심에 상처가 나지 않습니다.

Q. 초등학교 5학년 여자아이를 두었습니다. 이번 여름방학에는 1학기 복습과 2학기 예습을 하려고 하는데 다들 아직 6학년 선행을 시작하지 않았다고 난리네요.

A. 학부모들의 여러 동호회에서는 한결같이 초등 6학년 겨울방학에 중학교 책을 잡도록 권하고 있습니다. 한 학기 이상 선행하지 말라는 것이지요. 과거에 대한 복습이 더 중요합니다. 복습에 주력할 것을 권합니다. 복습이 다 이루어진 후에 시간이 남는다면 예습을 시작하세요. 다만 우려되는 것은 문제집으로만 복습을 하면 개념적인 정리가 잘 안 될 수도 있습니다. 개념적인 정리에 대해서는 《착한 수학》과 《수학이 살아 있다》에서 이야기한 바 있습니다. 아이와 같이 읽으면서 방법을 찾아가기 바랍니다.

Q. 5학년 2학기 교과서에 비율이 나오는데, 기준량에 대한 비교하는 양의 크기를 $\frac{(비교하는양)}{(기준량)}$ 으로 약속하고 있습니다. 아이에게 기준량을 분모에 쓰는 이유를 물었더니 선생님이 그렇게 하라고 했다고만 답했어요. 교과서에도 '기준은 뒤에'라고 필기를 해뒀더라고요. 수학 개념 사전을 찾아봐도 뒤에 두라고만 되어 있는데, 수학에서 약속은 그냥 문장 그대로 외워야만 하나요?

A. 수학에서 약속, 즉 정의를 정확하게 암기하는 것은 중요합니다. 정확한 암기가 충분한 이해를 동반하면 더욱 좋겠지요. 앞에서 정의를 부

정해보는 활동을 수학 학습 원칙으로 제시했습니다. 정의를 부정하는 과정을 통해 그렇게 정의할 수밖에 없었던 이유를 발견하게 된다면 그 개념에 대한 폭넓은 배경지식을 얻게 되고 아이의 수학적 사고에 큰 발전이 생길 것입니다. 그러나 약속이나 정의의 배경이 잘 설명되어 있는 책은 아직 찾기가 어렵습니다. 그리고 정확한 것도 아닙니다. 그러나 아이가 추측하는 과정을 경험하는 기회가 되고, 수학자들이 하는 고민을 아이 스스로가 만들어내는 기회가 되는 것은 분명합니다.

Q. 중1을 앞둔 겨울방학이어서 중학교 교과서로 예습하고 있습니다. 아이는 지금까지 저와 집에서 공부해왔고 성적도 좋았습니다. 그런데 이번에는 전에 없이 너무 힘들어합니다. 하나도 이해가 가지 않는다고 하는데, 어떻게 하면 좋을까요?

A. 배우지 않은 것을 스스로 해내는 것은 쉽지 않습니다. 수학을 전공한 저도 처음 보는 수학책 앞에서는 머릿속이 깜깜해집니다. 그리고 두려움과 불안감이 엄습하지요. 초등수학은 대부분 직관에 의해 설명되기 때문에 예습을 하는 것이 큰 무리가 아닐 수 있습니다. 그러나 중학교 수학은 논리적으로 상당히 엄밀하게 설명되어 있어서 아이들이 어려워합니다. 따라서 이해하기 어려운 중학교 수학을 혼자 공부하기보다 아는 것을 더 공고히 다지는 시간을 많이 가지는 것이 좋습니다.

Q. 교구로 배우는 수학, 체험수학이 효과가 있나요? 요즘 영업사원이 자주 집에 찾아와 조작활동을 하면 수학적 사고능력이 자란다고 얘기합니다. 그것도 어릴수록 효과적이라고요.

A. 피아제라는 심리학자는 아이들의 인지능력을 구분하여 흔히 초등학생까지는 구체적인 조작기에 해당한다고 했습니다. 수학 학습에만 국한된 이론은 아니고, 모든 개념을 처음 배울 때는 어른이나 아이 할 것 없이 구체적인 조작을 하면서 익히는 것이 구성주의의 기본 철학입니다. 그리고 구성주의 철학에서 나온 것이 자기주도적 학습법입니다. 따라서 아이가 조작활동을 통해 스스로 지식을 익혀나가는 측면이 교구로 배우는 수학, 체험수학 등의 효과라고 보는 것입니다. 그런데 교구나 구체적 조작물에는 한계가 있습니다. 그게 수학으로 옮겨와 완성되는 과정에까지 이르러야 수학 공부를 한 것이기 때문입니다. 조작물에서 끝나는 학습은 결국 하지 않은 것만도 못하게 될 우려가 있습니다. 그러므로 구체적인 조작활동 후에는 부모나 교사가 아이 스스로 표현하고 설명하게 하여 조작활동을 수학 개념으로까지 연결하도록 해야 합니다.

Q. 동네에 영재교육원 대비 학원이 생기는데, 여기 보내면 영재교육원 시험에 합격할 가능성이 높아질까요?

A. 학원에서 아이의 능력과 수준, 속도에 맞춰 수업을 하면 영재교육원 합격률이 높지 않을 것입니다. 학원에서는 예상문제나 기출문제를

무조건 외우도록 시키는 것이 보통입니다. 그러다 보면 아이는 자기주도성을 잃게 되고, 자칫 이런 학습 습관이 몸에 배면 자기주도적 학습은 영영 물 건너갈 수도 있습니다.

Q. 연산 속도가 느린 탓에 아이가 점점 자신감을 잃어가네요. 주산을 익히면 암산능력이나 연산 실력이 는다고 하는데, 사실인가요?

A. 주산도 결국은 암기입니다. 주산에서 암산을 한다는 것 자체가 암기지요. 초등수학에 나오는 복잡한 연산은 이제 중·고등학교에서는 별로 사용할 기회가 없습니다. 그래도 초등수학에서 연산이 차지하는 비중이 크다 보니까 연산 실력 부족으로 인해 점수가 낮은 것은 감내해야 하지만 연산으로 인해 수학이 싫어지는 것은 절대 막아야 합니다. 연산 점수가 조금 낮더라도 연산의 개념을 정확히 이해하는 쪽으로 신경을 쓰고, 숙달이나 속도에는 무관심했으면 합니다.

Q. 사고력 수학 학원, 창의수학 학원 등에 아이를 보내는 것에 대해서 어떻게 생각하는지 궁금합니다.

A. 사고력 신장! 중요합니다. 하지만 자기주도적으로 학습하지 않으면 사고력은 신장될 수 없습니다. 사고력 문제를 많이 푼다고 사고력이 높아지는 게 아닙니다. 그런 면에서 보면 교과서를 가지고도 사고력은 얼마든지 신장시킬 수 있습니다. 교육철학이 구성주의를 따른다면 어떤

것으로 공부하든 사고력은 신장됩니다. 오히려 사고력 학원에서 아이의 능력과 수준을 훨씬 뛰어넘는 문제로 강제적인 훈련을 시킨다면 사고력은 하나도 자라지 않을 것입니다.

Q. 6학년 남자아이를 두었습니다. 설명은 맞게 하는데 잘 적으려 하지 않습니다. 아이가 풀이 과정을 맞게 설명하면 그냥 지나가도 될까요? 중학교에 가면 서술형 문제가 많아져 풀이 과정을 꼼꼼히 적어야 할 텐데요.

A. 맞습니다. 고쳐야 합니다. 하지만 아이가 거부한다면 우선은 놔두세요. 뭔가를 배우려면 대가를 치러야 합니다. 중학교에 가서 감점을 당해보면 꼼짝없이 고칩니다. 잠시나마 감점의 대가를 치러야 하는 것이 안타깝지만 그렇게라도 배우게 되면 좋겠지요.

Q. 아이에게 수학사전을 사줬는데 오히려 문제를 풀겠다며 문제집을 사달라 하네요. 문제 푸는 것으로 수학 공부가 확실히 이루어지나요?

A. 문제집을 사달라고 한다면 일단 사주는 것이 좋겠습니다. 본인이 원하는 것이니 사줘야 하겠지요. 수학사전에 관심이 없는 것은 남이 사준 것이기 때문입니다. 그리고 수학사전은 모르는 개념이 나왔을 때 참고하는 용도이기 때문에 문제집으로 사용할 수는 없습니다. 지금 문제집을 사주는 것은 아이의 선택을 존중한다는 의미가 되고, 일시적으로 점수가 올라가는 효과도 있으니 꼭 회피할 일은 아니라고 생각됩니다.

문제집도 본인이 자기 스스로의 이해를 바탕으로 숙달한다면 좋은 공부 수단이 될 수 있습니다.

Q. 연산에 실수가 많습니다. 그것도 특정 부분을 자주 실수하는데 교정할 방법이 있나요?

A. 연산이 약한 것은 연습이 부족해서가 아닙니다. 연산에도 원리가 있는데, 이 원리를 충분히 이해하지 못한 채 훈련이 이루어진 것으로 보입니다. 단순 암기는 응용이 되지 않거든요. 외워야 할 게 너무 많다 보니까 특정 연산에 실수가 많은 것입니다. 사실 실수가 아니라 연산을 할 줄 모른다고 표현하는 게 정확할 것입니다. 학생들은 귀찮아하지만 교과서에서는 한 가지 연산을 여러 방법으로 풀도록 권장하고 있습니다. 연산의 원리를 터득하면 다양한 방법은 오히려 재미로 남습니다. 다양한 생각을 이해하고 그들 사이의 관계를 고민하는 것이 연산을 개념적으로 이해하는 것입니다.

3. 중·고등학생

Q. 중학교 1학년 아이인데, 수학에 대한 자신감이 부족하여 하기 싫어하고 제가 꼼꼼히 봐주는 것을 싫어합니다. 작년에 문장제 문제를 어려워할 때 아이에게 자기가 수학을 잘 못한다는 것을 인정하게 하면서 자신감

을 많이 잃은 것 같습니다.

A. 우선 아이와의 관계를 회복해야 하겠습니다. 그리고 우선적으로 학교에서 배우는 내용을 복습하게 해주세요. 오늘 배운 것을 성공적으로 학습해내는 경험을 쌓아야 합니다. 학교 수업에 대한 이해도나 만족도가 떨어지면 예습을 병행하는 것이 좋습니다. 예습의 정도는 내일 배우는 부분(3~4쪽)을 미리 읽고 노트에 정리해보는 정도로 간단하게 마치는 것이 좋겠습니다.

Q. 중1 여학생인데 과외를 받고 있는데도 문제해결능력이 좋아지지 않아 자기주도학습 방법으로 바꾸려 합니다. 제가 보기에는 개념 파악이 거의 안 된 것 같고 지금까지는 유형 문제 풀이를 통해 어느 정도 학교 성적을 받은 것 같습니다. 개념 공부를 어떻게 시작해야 할까요?

A. 과외교사에 따라 다르겠지만 일단 내신을 목표로 과외를 했다면 당연히 내신성적을 올리는 방법으로 학습이 이루어졌을 것입니다. 그렇다면 학교 시험에 나올 만한 문제를 유형별로 나눠 절차적으로 학습시키는 것이 손쉽고도 많이 유행하는 방법입니다. 내신과 실력, 두 마리 토끼를 잡는 방법은 개념학습밖에 없습니다. 하지만 어설프게 방법만 익혀서는 개념적인 학습방법을 정확히 실행하기 어렵습니다. 보다 명확히 이해한 후 아이 학습방법에 변화를 줘야 시행착오와 혼란을 줄일 수 있습니다.

Q. 중2 아이를 두었습니다. 학교에서 지금 순환소수에 대해 배우고 있기에 그것이 무엇인지 물어보았는데 대답하지 못하더군요. 어느 부분 개념을 다시 공부해야 하는 것인가요?

A. 지금 현재 교과서가 정답입니다. 순환소수는 중2에만 나옵니다. 교과서 개념 설명 부분을 여러 번 읽어보게 해주세요. 이 과정을 정확히 밟는 것만으로도 이전 학년 개념을 깨우칠 수 있습니다. 본인의 고민과 표현이 필요합니다. 교과서의 개념 설명을 여러 번 읽고 이해한 바를 부모님께 표현하게 하면 차츰 나아질 것입니다.

Q. 중2 아이인데, 학원에서 한 학기 선행을 하고 나서 좀 버거워합니다. 학원에서 앞으로 더 강도 높게 수업한다고 하니 아이는 그만두고 싶어 합니다. 하지만 저는 불안하기도 하고 학교 성적도 신경 쓰이는 게 사실입니다.

A. 대부분의 학원에서는 한 학기 정도를 선행한 후에 바로 중간고사와 기말고사 문제 풀이를 시작합니다. 그런데 지금 배우는 내용도 따라가지 못하면서 계속 선행을 하는 것은 아이를 괴롭히는 일입니다. 집에서 아이와 학교 진도에 맞춰 복습을 하는 게 좋겠습니다. 학원을 그만두면 물리적인 공부 시간은 줄어들 수 있습니다. 그래도 스스로 하는 것이 훨씬 더 중요합니다.

Q. 혼자서 중2까지 공부해왔는데, 요즘 성적이 조금 떨어지니 학원에

보내달라고 합니다. 보내줘야 할까요?

A. 본인이 원하더라도 신중해야 합니다. 학원에는 자기가 아닌 남이 있기 때문이지요. 학원 강사의 주도로 아이의 학습 습관이 결정될 가능성을 고민해야 합니다. 강사가 직접 가르치기보다 아이 주도의 학습 습관을 길러주는 방식이라면 더할 나위가 없겠지요.

Q. 아이가 중3입니다. 풀이 과정을 노트에 기록하지 않고 문제집 사이 빈 공간에 대충 문제를 풉니다. 풀이 과정을 노트에 기록하는 것이 반드시 필요한가요?

A. 기본적으로 연습장이나 노트에 문제를 풀도록 하면 좋겠습니다. 이 책 3부에서 수학 노트 사용 방법을 설명했습니다(103쪽). 문제집을 푸는 요령과 연결되는 내용입니다. 문제집을 딱 한 번만 풀고 넘어가는 방식을 택하면 노트에 풀 필요가 없겠지요. 다시 볼 기회가 없으니까요. 하지만 문제를 딱 한 번만 풀고 넘어가는 방식으로는 수학을 깊이 있게 공부하기 어렵습니다. 풀이 과정을 잘 정리하면서 여러 가지 다양한 풀이를 추가하는 방식의 깊이 있는 공부를 위해서라고, 노트 사용의 이유를 설명해주기 바랍니다.

Q. 고입을 앞두고 일반계 이과 계열을 고민하고 있습니다. 돌아오는 겨울방학 때 수학 공부를 어떻게 해야 할까요? 이과를 선택하려면 어느 정도

선행이 필요하다고들 하는데, 진도를 어디까지 나가야 하는지요?

A. 중학교 과정 전체에서 개념상 부족한 곳이 없고 문제집도 충분히 풀었다면 고등학교 수학을 혼자 공부하는 것이 필요하겠지요. 그리고 선행은 반드시 교과서로 해야 합니다. 새로 나오는 개념을 충분히 이해하지 않고 문제만 풀면 그것이 개념에 대한 정확한 이해를 방해할 수 있습니다. 교과서에서 개념과 예제 정도까지만 예습하는 것이 좋고, 예습이 어느 정도 충분히 이루어졌다면 교과서 본문에 나온 문제나 연습문제를 풀어보도록 합니다.

Q. 아이가 처음 보는 내용을 혼자 예습하려니 불안해하는데, 인강으로 예습하면 도움이 될까요?

A. 모든 수학 개념에 대한 학습은 처음이 가장 중요합니다. 예습을 통해 새로운 내용을 접하게 될 때 인강으로 남의 설명을 들으면 스스로 이해한 것이 아니기 때문에 개념적인 학습이 이루어지지 않습니다. 다시 말하면 강사의 짧은 설명으로는 한 개념을 이해하기가 어렵습니다. 그런데 아직 개념에 대한 이해가 부족한 상태에서 문제를 직접 푼다든가 강사의 문제 풀이 해설을 듣게 되면 개념을 적용할 수가 없어 필요한 공식과 기술을 먼저 익히게 됩니다. 그러다 새 학기가 되어 수업시간에 선생님이 개념을 설명하면 자기가 안다고 착각하여 경청하지 않게 됩니다. 그 부분에 대한 개념적인 학습이 평생 이루어지지 못하게 되지요.

교과서로 혼자 개념적인 이해를 충분히 한 후에 인강을 듣는 것이 가장 효과적입니다.

Q. 아이를 학원에 보냈더니 엄청나게 많은 문제를 풀고 있습니다. 문제를 이렇게 많이 풀면 개념에 대한 이해는 저절로 이루어지나요? 아니면 개념 공부는 문제 풀이와 별도인가요?

A. 학원에서 하는 엄청난 문제 풀이는 개념과 무관할 가능성이 많습니다. 개념 공부는 한두 문제만 깊이 있게 풀어도 끝납니다. 그 많은 문제를 푸는 목적은 개념에 대한 이해를 무시하고 문제 푸는 기술을 훈련시키기 위함입니다.

Q. 중학생 아이인데, 수학을 공부하는 시간만큼 효과가 나타나지 않습니다. 수학 공부를 제일 많이 하는데 점수는 가장 낮거든요. 수학에 재능이 없는 건지, 부모를 닮아서 그런 건지 걱정입니다. 수학도 유전이 되나요?

A. 시험점수가 나쁜 것은 적당히 이해하는 데서 그쳤기 때문일 수 있습니다. 문제를 풀 때 풀이를 전혀 참고하지 않도록 살펴봐 주세요. 그리고 부모님 앞에서 다시 백지에 아무런 힌트나 도움 없이 처음부터 끝까지 푸는 연습을 해나가면 어느 정도 성취를 이룰 수 있을 것입니다.

하루 30분 수학
점검표

오늘 학교 진도 :		년 월 일 / 일차

개념 점검	아이가 설명한 개념	개념 설명 평가
		충분 ☐ 약간 아쉬움 ☐ 불충분 ☐
	코멘트 :	

문제 풀이 점검	아이가 문제 풀이한 부분	문제 풀이 설명 평가
		충분 ☐ 약간 아쉬움 ☐ 불충분 ☐
	코멘트 :	

오늘 설명 중 아쉬운 부분	

확인하기	■ 지난 시간 설명이 부족한 부분은 해결되었는가? : Y / N ■ 아이가 자기주도적으로 설명했는가? : Y / N ■ 아이의 감정을 존중하며 수학 대화를 마쳤는가? : Y / N

* 이 표는 예시이므로 대략적인 내용을 참고하여 사용하기 바랍니다. 각 가정에 맞춰 자유롭게 변형하여 아이의 수학이 하루하루 성장해가는 모습을 기록해주세요. 처음에는 작은 메모로 시작하더라도 조금씩 쌓이면 훌륭한 '자녀 수학 학습사 기록'이 됩니다.

지은이 | 최수일

초판 1쇄 발행일 2014년 10월 10일
초판 4쇄 발행일 2020년 4월 17일

발행인 | 한상준
편집 | 김민정 · 박민지 · 윤정기
표지 디자인 | 조경규
본문 디자인 | 이승은
마케팅 | 강점원
관리 | 김혜진
종이 | 화인페이퍼
제작 | 제이오

발행처 | 비아북(ViaBook Publisher)
출판등록 | 제313-2007-218호(2007년 11월 2일)
주소 | 서울시 마포구 월드컵북로6길 97(연남동 567-40) 2층
전화 | 02-334-6123   전자우편 | crm@viabook.kr
홈페이지 | viabook.kr

※ 이 도서는 국제친환경 인증을 받은 천연 펄프지로 제작되었습니다. 또한 펄프 표백에 염소를 사용하지 않아
   염소화합물이 생산되지 않고, 다이옥신이 발행하지 않는 ECF 펄프를 사용했습니다.